(五)求职择业问题

由于高校毕业生人数不断增加，社会提供的岗位却相对有限，许多大学生都担心“毕业等于失业”，因而存在着极大的心理压力。还有一部分学生，对社会现实认识不清，过于理想化，对就业形势的估计过于乐观，导致心理落差较大。如不能适时调整，则会影响其心理状态，进而可能产生一些过激行为。

(六)特殊群体问题

每个学校都会有一些比较特殊的学生。如贫困生、单亲家庭子女、孤儿、残疾学生等。这些特殊群体的学生由于生活环境和自身的原因，较之其他学生，更容易产生一些心理问题。

除上述问题外，大学校园里还存在如网络成瘾倾向、自我定位模糊等问题，同样应引起关注。

想一想

大学生的心理问题应如何疏导？

三、维护大学生心理健康的途径

(一)在课堂中学习

这是最直接、涉及面最广的方式。目前，大多数学校将心理健康教育列为教学课程，以教学班为单位上课或以讲座的方式让学生系统地获取心理学及心理健康相应知识，了解自身的特点，学会科学调节的手段。

(二)积极参加有利于心理健康的活动

大学校园活动多种多样，如文艺晚会、茶话会、体育比赛等。在活动中往往能不知不觉地吸收到心理健康知识，陶冶情操，培养兴趣爱好，开阔眼界，学会与他人交往等。大学校园活动是学生提高自身素质的好平台，每个学生都应积极投入活动中去。

(三)学会调节自身心理

心理问题的主要根源在于人本身。因此，要想彻底解决心理问题，就应通过自身的调节，掌握好调整心理的方法。合理安排生活是维护心理健康水平的根本途径。

(四)寻求心理咨询帮助

心理咨询作为一种新生事物已经逐渐被大众认可和接受。在许多发达国家，心理咨询已经成为人们生活中不可缺少的一部分。在我国，人们对心理咨询缺少科学的认识，特别是在一些内陆城市，许多人还有着错误的观念，认为只有“精神病”才需要心理咨询。有的大学生也一样，对心理咨询不够了解，宁愿自己忍受痛苦，也不愿意接受心理咨询。实际上，科学的心理咨询能通过与来访者的交谈、探讨和解释，帮助其找到引起心理问题的原因，寻求解决问题的方法，进而帮助来访者调整心理状态，维护心理健康。

思考与练习

1. 什么是健康和心理健康？如何理解大学生心理健康的判断标准？
2. 如何看待判断心理健康的基本原则？
3. 作为大学生，在生活中应怎样维护自身的心理健康？

拓展训练

训练一：学会每天问自己十个问题

如果你想放松心情，以积极的心态开始每一天，那就很有必要以自问的方式开始新的一天。这些问题会给我们带来力量和好心情。

1. 我拥有什么？

通常我们会为自己没有的东西而苦恼，却看不到自己拥有的，如可以听、可以看，可以爱与被爱，每天都有食物供我们享用等。正如那句口口相传的话所说的："失去了才知道珍贵。"让我们走出哀怨，这样就可以看到什么是我们拥有的。

2. 我应该为什么感到自豪？

为你已经取得的成绩而自豪。成绩不分大小，每一次成功都意味着向前迈出了一步。你可以为你刚刚战胜的一个挑战感到骄傲，可以为帮助了一个陌生人而感到幸福，可以为帮助了一个朋友而露出微笑，也可以因结识了新朋友或读了一本新书而感到高兴。总之，每一点进步与收获都值得你自豪。

3. 我应对什么心存感激？

每天都有很多事情让我们为之心存感激，同时也有很多人值得我们感谢，因为他们在无形中教会了我们一些事情。生活的每一天对于我们来说都是一份珍贵的礼物。

4. 我怎样才能充满活力？

每天都要计划好做一些积极的事情，让自己充满活力。例如，可以给那些一直以来你都很欣赏，却很久未联系的人打电话，对工作伙伴说一些鼓励的话，保持微笑，或者留出时间进行体育锻炼等。

5. 我今天能解决什么问题？

设法把那些原本想留到明天才解决的问题今天就解决掉，尽量在当天完成手边的工作，要敢于面对那些棘手的问题，并换一种角度看待它们。

6. 我能抛下过去的包袱吗？

"过去的包袱"就是指那些长年累积起来的伤心的经历或怨气。背着这些沉重的生活包袱有什么用呢？建议你对过去做一个总结，把值得借鉴的经验保存起来，然后永远地卸下重负。

7. 我怎么换个角度看待问题？

人往往都是别人的建议者，却不是自己的。很多时候，根本问题在于我们看待事物的方式。很多人都经历过为一件事苦恼不堪，过后又觉得可笑的情况。悲和喜只是我们看问题的角度不同而已。

8. 我怎样过好今天？

做些与往常不一样的事情。如果我们走出常规，学会享受生活，那么生活就是丰富多彩的。我们要敢于创造和创新。

9. 今天我要拥抱谁？

拥抱是我们的精神食粮。曾经有一位心理学家说过，要想健康，每天要至少拥抱 8 次。身体接触是人最为基本的需求，这甚至可以帮助我们开发大脑。

10. 我现在就开始行动？

不要认为这些都是“听起来不错”的建议，也不要认为生活很难是这样的。其实，每天的生活都不是你想象中的那样。是让生活过得索然无味，还是积极向上，决定权就在自己的手中。努力幸福地生活，你又会失去什么呢？

我们每一个人都可以通过自问让自己警醒和清醒，通过自问让自己看清自己，重新认识自我，为自己创造一个审视自己、重新开始的机会。大学是人生的转折点，也是人生的美好开端。加油，我们一定会在自我的帮助下拥有更辉煌、灿烂的明天！

训练二：学习本单元后，你对心理健康有了怎样的认识？有什么感想和收获，还有哪些困惑，请与老师、同学交流

训练三：放松训练

找个安静、舒适的地方坐下来，轻轻地闭上眼睛，调整你的呼吸，深深地吸气，开始数数，由 10 倒数到 1，感受自己数数的节奏。头部有意识地开始放松，逐渐到面部、颈部、胸部、腹部、双臂、双腿……逐步消除紧张，进入一种有意识地重新塑造自己的氛围中，使心中的烦恼、负面感受越来越远……让想象中出现一个充满自信、热情、乐观的形象走进内心。此训练要连续多次进行，养成习惯，便能达到自我放松。

学习反思

第二单元

大学生的自我意识

学习目标

1. 了解自我意识及形成过程。
2. 掌握大学生自我意识发展的特点。
3. 了解大学生自我意识发展的常见问题。
4. 掌握影响大学生自我意识发展的因素。
5. 学会培养自己健康的自我意识。

单元导入

有人说每个保安都是哲学家，因为每天都要问很多人这些问题：你是谁？你从哪儿来？你到哪儿去？

你有没有思考过这些问题？

苏格拉底说“人最难的就是认识自己”。认识自己，对自己和周围世界关系的探索和认识，也就是心理学上所讲的自我意识。

想一想

你是谁？你从哪儿来？你到哪儿去？

第一课　认识自我意识

一、自我意识的含义

精彩语录

如何才能更好地把握自己的人生：
在认识别人之前，先认识你自己；
在认识世界之前，先认识你自己。

自我意识是心理学研究的一个中心问题。简言之，自我意识是人对自身的意识，即自己对自己的认识。自我包括以下几种。

● 从内容上看，可分为生理自我、社会自我和心理自我。生理自我，是个体对自己生理属性的意识，包括对自己的身高、体重、身材、容貌、性别、疼痛、温饱感等生理方面的意识。如“我个子高”“我漂亮”。社会自我是个体对自己社会属性的意识，包括个体对自己在社会关系中的地位、角色、作用、责任等方面的认识和体验。如“我是妈妈的女儿”“我是班长”。心理自我是个体对自己心理状态的意识，包括对自己的兴趣、能力、性格、爱好等的认识和体验。如“我性格开朗”“我爱好广泛”。

● 从自我观念看，可分为现实自我、投射自我(即镜中自我)和理想自我。现实自我是个体对自己实际情况的意识。如“我是学生”。投射自我是个体想象中他人对自己的看法和评价。如“我觉得他们认为我是开朗的”。理想自我是个体想达到的有关自我的完美的形象。如“我想成为一个成功的企业家”。

● 弗洛伊德将自我划分为三个部分：本我、自我和超我。“本我”无条件地按照“快乐原则”行动，没有道德是非和时空限制，无所顾忌地寻求本能需要的最大限度地满足和心理紧张的彻底消除。“自我”则使本能现实化、理性化了。已从非理性的“本我”中分化出来，代表了人格中理智和意识的部分，其行为准则是“现实原则”。“自我”根据现实条件和客观环境来调整“本我”与外部世界的关系，在不造成更大痛苦的前提下满足“本我”的需要。“超我”则是道德化的“自我”，用“自我”理想来确立行为目标，用良心来监督行为过程，使“自我”摆脱“本我”的纠缠，按照社会规范和要求活动。

互动平台

三个“我”

准备： 纸张、笔。

目的： 促进个人进行自我探索，全面、深入认识自我，协助个人进行自我反省，帮助个人协调、整合自我。

操作：

第一步，在第一张纸上描述“理想的我”，约10分钟，完成后放在一边、暂时不看。

第二步，在第二张纸上描述“现实的我”，约10分钟，完成后放在一边、暂时不看。

第三步，在第三张纸上描述“他人眼中的我”，约10分钟，完成后放在一边、暂时不看。

在这个步骤中，如果时间充裕，并且学生之间互相熟悉，可分小组进行。在小组内，每人对他人逐一进行评价。

第四步，对三个“我”进行比较，看看三者是否协调、和谐？若不协调，找出差异，并寻找出原因。其中，重点关注“理想的我”和“现实的我”是否协调。

第五步，列举协调、整合自我的办法。

第六步，以小组或班级为单位，分享心得体会。注意：不讲或少讲重复的心得体会，不同的心得体会可依次进行充分阐述。

相关链接

个体当自我意识尚未形成时，是混沌一团的；当自我意识不准确时，是痛苦的。

以上活动，可以帮助我们认识到自己是如何整合自己的三个“我”、如何尽量使之协调、和谐的。通常，自我再统一有如下五种类型。

- **积极型**。不断完善现实自我，使之与符合社会发展要求的理想自我达到统一。
- **现实型**。一方面不断完善现实自我；另一方面根据现实自我的实际状况，修正理想自我，达到两者统一。
- **庸碌型**。放弃理想自我，以迁就现实自我，达到两者统一。
- **虚假型**。通过对现实自我的过高评价或虚妄的判断，达到与理想自我的统一。
- **消极型**。理想自我和现实自我在不符合社会发展要求的情况下达到统一。

大学生群体的自我再统一多数属于前两种类型，这是值得肯定的。对属于后三种类型的人群，需要对其进行重点关注、关心和帮助，尤其要关注属于消极型类型的人群。

二、自我意识的形成过程

自我意识的形成大致经历以下几个时期。

自我意识萌生时期（8 个月至 3 岁），即生理自我的形成时期。这是以自我为中心的时期，以自己的想法解释外部世界，并把自己的想法和情感投射到外界事物上去，即以自己的眼光看世界。

自我意识形成时期（3 岁至青春期），即获得社会自我的时期。这一时期，个体的眼光是向外的，引起他们兴趣和注意的是外部世界，不过，往往照搬成人的观点作为对外部世界的认识，同时，对自己的内心世界视而不见。

自我意识的发展时期（青春发育期至青春后期），即获得心理自我的时期。这一时期，个体开始认识自己的心理活动，并通过自我的观点来认识外部世界。不过，个体的自我意识的发展，往往经历着一个特别明显的、典型的分化、矛盾和统一的过程，较长时间内，个体的自我都处于矛盾之中。总之，这一时期，个体的自我意识处于迅速发展并趋向成熟的阶段。

自我意识完善时期（青年期之后）。这一时期，个体的自我意识处于完善和提高阶段。

精彩语录

自我意识形成和发展的过程，正是一个人人格成长的过程，忽视了每一阶段的健康成长，都会给一个人带来终生遗憾。

相关链接

埃里克森的人格发展八个阶段

美国心理学家埃里克森关于人格形成与发展的理论，其实质上就是自我意识形成与发展的理论。他认为：人生每一个发展阶段都包含人格发展内容，每一个阶段都有其特征性的冲突，而对付冲突的办法有积极的，它将有助于自我成长，形成较好的顺应能力；也有消极的，它会削弱自我的发展，阻碍顺应能力的形成。另外，社会环境对能否以积极的方式去解决特征性冲突有着十分重要的价值。

阶段	年　龄	基本心理冲突	人际交往关系的主要范围	冲突得到积极解决容易形成的心理倾向	冲突不能成功解决容易形成的心理倾向
1	出生～1 岁半	信任对不信任	母　亲	信赖感	惧　怕
2	1 岁半～3 岁	自主对羞怯、怀疑	父亲、母亲	自主感	自我疑虑
3	3～6 岁	主动性对内疚	家　庭	好　奇	自　责

续表

阶段	年　龄	基本心理冲突	人际交往关系的主要范围	冲突得到积极解决容易形成的心理倾向	冲突不能成功解决容易形成的心理倾向
4	6～12 岁	勤奋对自卑	邻居、学校	能　力	自　卑
5	12～20 岁	同一性对角色混乱	同龄群体	自我认可	人际挫折
6	20～35 岁	亲密对孤独	朋友、配偶	爱	孤独感
7	35～退休	繁衍对停滞	同事及家庭成员	成就感	私　己
8	退休的岁月	自我整合对绝望	全体人类	智慧与满足感	绝　望

互动平台

谁塑造了我

准备： 纸张、笔。

目的： 促进个人探索自己的成长历程，协助个人深入认识自我。

操作：

第一步，在以下各空格中简单描述不同人物对自己的看法、评语，以及自己与他们的任何难忘的正面或负面的经历。

父亲	
老师	
自己	
母亲	
你认为的一位重要人物：________（注明姓名）	

第二步，你对哪一个人的看法最为重视？原因是什么？

第三步，你感觉最难填写的或填写内容最少的是哪一部分？原因是什么？

第四步，如果你已很努力填写，但依然内容贫乏，请反省自己的整体性人际关系，并进行阐述。

第五步，除非有充分的理由，对于全栏出现空白的情况时，你应努力进行探索。

第六步，有无其他突出感受，如有，请阐述。

如果课堂时间有限，学生可以在课外以作业形式完成，老师随后进行讲评。

通过以上活动，同学们可以发现：在每个人的成长历程中，其自我的塑造与形成往往是有根可寻的。

在此活动中，若各空格所填写的内容和谐又具正面取向时，说明你有着完整健康的自我；若各空格内容出现矛盾或内容倾向负面取向时，说明你应努力面对自我。

此活动往往引发出你一些长期压抑的感受或一些未完成的事项，如可能出现父母、其他人对自己的一些恶劣评价，甚至是羞辱性的标签，等等，这实在是令人很痛苦的。但若面对这些情况，要设法作有效的处理，必要时，一定要寻求外界的帮助，如学校的心理咨询老师、好朋友等。

三、自我意识的作用

对自我意识作用的研究最为突出的是伯恩斯。伯恩斯在《自我意识发展与教育》一书中，系统论述了自我意识的重要意义。关于自我意识作用的研究使我们认识到，自我意识不仅影响个体人格的内在和谐统一，还影响个体对现实的基本态度和看法以及对未来的理想和信念。自我意识对大学生身心健康具有重要作用。

- 客观的自我意识是大学生确立合理目标的基础。
- 正确的自我意识能够使大学生保持内在一致性和行为一贯性。
- 自我意识决定个体对经验的解释并影响情绪情感状态。
- 自我控制力量的强弱影响大学生的心理平衡。
- 自我意识是否完善影响大学生的心理发展。

自我客观地存在于个体的活动中，使个体活动不可避免地带上主观色彩。我们可以看到：自我是个体活动的觉察者、调节者和发动者，自我介入对个体活动的作用十分重大。

互动平台

我的长处与限制

准备：纸张、笔。

目的：帮助个人具体界定自己的长处和限制，学会接纳自己和欣赏自己，同时，肯定自己是一个独特的人。

操作：

第一步，请列举出自己的各项长处和限制。

我的长处	我的限制

第二步，当你查看自己列举出来的长处和限制后，感受是什么？

第三步，如果时间充裕，并且学生之间互相熟悉，可分小组进行。在小组内，每个人对他人的长处和限制逐一进行评价。注意“真诚与尊重”原则。也可在课后邀请亲朋好友对自己的长处和限制进行评价。

第四步，认真发掘、界定，归纳出一个新的、较全面的自我形象，即修订后的“我的长处与限制”。

第五步，对自己的限制方面进行分类，分为不能改变的限制和可以改变的限制两类。

第六步，针对可以改变的限制，制订改变的计划。

第七步，接受自己不能改变的限制，欣赏自己的长处和在可以改变的限制方面所取得的改变，增强自爱和自信。

第八步，以小组或班级为单位，进行心得体会分享。

注意：不讲或少讲重复的心得体会，不同的心得体会可依次进行充分阐述。

如果你所填的长处太少，说明你是一个自我概念比较低、自我形象贫弱、不能接纳自己的人。其实，这往往可能是由于错觉或你对自己的长处视而不见，甚至否定所造成的。

影响自我形象发展的认识误区通常有以下三点。

- 外貌长相方面，期待自己有突出的外表。
- 我的表现方面，期待自己把事情做得很好。
- 他人评价方面，期待他人对自己有很好的评价。

相关链接

下面是一些有益的建议，如果将它们变成习惯，将有助于你培养更为积极的自我形象。

- 不要给自己贴上消极的“标签”，如我笨、无能、丑陋。
- 不要将自己的不足与他人的优势、强项比较。记住：你自己是独特的，欣赏这种独特之处。同时，也要给他人以应有的尊严。
- 记住：人人都有你所不知道的问题和弱点。
- 肯定自己的每一个进步。
- 与处世积极、喜欢与你同行并共享人生的朋友交往。
- 笑口常开，寻找并体味人生中的幽默。
- 对他人抱以切实的期望，重视各个人的才能和天赋、处世方式及志趣爱好。
- 积极处世，看看能坚持多长时间，不以消极的言语和想法对待人或事。
- 放松自己。

●认识真理，体悟宁静之心，特别是在困难时，要学会适当处理人生诸事。

●凡遇失败，切莫自责不已。

第二课　大学生的自我意识

一、大学生自我意识发展的特点

自我意识是一种多维度、多层次的复杂心理现象，它由自我认识、自我体验和自我控制三种心理成分构成。这三种心理成分相互联系、相互制约，统一于个体的自我意识之中。在校大学生正处于自我意识发展的关键时期，其自我意识的发展出现了许多新的特点。下面，从自我认识、自我体验和自我控制三个程度来看大学生自我意识发展的特点。

(一)自我认识的主动性和自我评价的客观性

自我认识是自我意识的认知部分，包括自我认知和自我评价。自我认知是自己对自己身心特征的认识；自我评价是在自我认知的基础上对自己作出的某种判断。

大学生摆脱了中学时期沉重的学习压力，便开始围绕个人发展、个人与社会的关系积极主动地探索着自我，尤为关注："我是一个什么样的人?"为了认识自我、发展自我，大学生自觉而主动地把自己同周围的同学、老师、先进人物进行比较，并把他们作为自己学习的榜样，力图将社会的期望内化为自我的品质。大学生的自我认识呈现出自觉性和主动性。

多数大学生通过对自己进行分析评价，能够客观地认识现实的我，找到自我的优势，发现自我的不足，然后扬长避短，修正自我，使现实的我趋向于理想的我。大学生的自我评价逐渐变得全面而深刻。然而，在大学生中也存在着自我评价能力的个体差异：有的大学生要么高估自我，要么低估自我，其中，高估自我更为普遍；个别大学生的自我评价的偏差还很大；等等。

(二)自我体验的丰富性、敏感性、波动性和深刻性

大学生丰富多彩的学习生活为他们发展自我体验的丰富性提供了有利条件。同时，大学生由于对自我的认识还在不断发展中，个性还不够成熟和稳定，也缺乏驾驭情感的意志力量，因此，情感体验表现出明显的敏感性和波动性。如可能因一时的成功而产生积极的、愉快的情感体验，甚至骄傲自满、忘乎所以、目空一切；也可能因一时的挫折、失败而低估自我或丧失自信心，甚至悲观失望、自暴自弃。此外，当自我的生活信念和人格倾向为他人所悦纳或客观事物符合自己的生活信念和

人格倾向时，他们就产生愉快的情感体验，否则就产生消极、不愉快的体验。从大学生自我体验的内容看，他们一方面表现出强烈的自尊心和好胜心；另一方面自卑感和孤独感明显。

（三）自我控制的自觉性和独立性

自我控制的自觉性主要反映在大学生具有强烈的自我设计的愿望。他们不仅仅思考"我是一个什么样的人"，还为自己设计了理想我的奋斗目标。如做"德才兼备的大学生""有开拓精神的大学生"等。大学生的自我设计表现出很强的独立性。他们强烈地期望摆脱幼稚性和对成人的依赖，希望通过自己的言论、行动，运用自己的双手和智慧，去实现自我的设计，向成人显示自己已经长大，而不再是孩子。强烈的独立愿望使大学生的行为带有明显的反抗性，即有意识地做那些成人或社会所不期望他们做的事情。面对大学生的反抗倾向，教育者应客观分析、正确对待。分清哪些是由于其生理和心理的发展、独立性的发展，未得到应有的理解、信任、承认和尊重所引起的；哪些是由于他们独立思考能力的发展和正义感、责任感的增强，从而对社会上的不正之风和腐败现象有意见引起的；哪些是由于他们认识水平不高和心理发展不成熟的过激言论或行为引起的。根据具体情况，或表扬、鼓励，发展其独立性；或动之以情，增强其正义感；或导之以行，加强其行为训练。总之，只有正确分析、科学引导，才能全面提高大学生的自我控制能力。

相关链接

大学生自我意识发展的过程

一般来说，一年级大学生具有一定的依赖性和盲目性。二年级大学生的理想成分较多，容易想入非非。三年级以后就显得沉着稳定多了。

二、大学生自我意识发展的常见问题

大学生正处于心理迅速成熟，又尚未完全成熟的时期，自我意识还在不断发展中。大学生在复杂多变的社会环境的影响下，如果缺乏正确的引导和自省，容易出现各种发展的偏差，导致如下一些问题。

（一）扭曲的自尊——虚荣

虚荣心，是一种追求虚假荣誉，以期获得尊重的心理行为。在社会生活中，人人都有被尊重的需要，都希望得到社会的承认。但好虚荣者不是通过实实在在的努力，而是利用吹牛、撒谎、投机等非正常手段去沽名钓誉。"空袋不能直立"，追求虚假的荣誉，只是自欺欺人，不仅会使个体失去他人的尊重和友谊，而且会使之失去实在的追求，留下空虚苍白的人生。

（二）极端的自信——自负

自信过度，就变成了自负。自负的人乃骄傲自满之人。不容易听进去他人的意见或建议，容易狂妄自大、一意孤行，其常见的结果就是"骄傲使人落后"。

（三）消极的自觉——自卑

自卑是个体由于自我认知偏差等原因所形成的自我轻视和自我否定的情绪体验。不少大学生对自身容貌、经济状况等信心不足，存在不同程度的自卑心理。

个体的自卑感形成的原因比较复杂，主要有以下几种。

第一，自我认知的偏差。如消极的自我暗示、过低的自我期望、过强的自尊心、挫折的经历、不恰当的归因等。

第二，个性的差异。瑞士心理学家荣格把人的性格类型分成两类：外倾型和内倾型。外倾型的人活泼而开朗，对周围的一切都很感兴趣，易受感情支配，不拘泥于小事，反应快；内倾型的人优柔寡断，孤僻，常有某种提防戒备心理，不愿抛头露面。心理研究表明，几乎所有的自卑者，都是性格内倾的人。他们情感脆弱，体验深刻，比较敏感，常常自惭形秽，总感到他人瞧不起自己，故事事退缩，处处回避。结果，其增长经验才干的机会无形中大大减少。

第三，生理缺陷。生理缺陷往往使他们常常体验着常人不能与之相比的失落和痛苦，易产生自轻自贱的情绪，并由此陷入孤独、沉默、神经过敏的自卑境地。

第四，幼年生活信息的影响。早期童年经历对一个人的成长有着重要影响。如童年被人嘲笑，则可能会在心里留下阴影。

克服自卑心理，可以从以下几方面入手。

第一，相信"天生我材必有用"，提高自我评价能力。

第二，经常进行积极的自我暗示。

第三，多积累"小成功"，并经常回顾成功事件和经验。

第四，不断完善自己的性格。

第五，保持自信的体态。

相关链接

美国学者麦克·乌诺提出了改变自我形象的三步骤，这带给我们更多克服自卑心理的启示。

第一步，反驳内在批评。你需要停止听从内在声音的消极信息。你需要把焦点放在关于自己的真实信息上——你有价值，你很宝贵，而且你很重要，无论他人怎样评论你或者你的表现如何。

第二步，练习自我营养。你需要用真实、积极的信息替换消极的信息。你要开始挑战过去的消极经历或信息，通过表现出你的价值、能力，可以被奖励和爱的方式营养并照顾自己。不要把焦点放在消极信息上，而是思考你的生活和关系中的积极部分。你可以用过去的成就奖励自己，提醒自己你有许多优点和成就。当你犯错误或经历失败的时候，你也要原谅自己，寻求从中学习，而不是让消极控制你。

第三步，寻求他人的帮助。这对提高你的自我形象是最重要的一步，但也是最难的。有消极自我形象的人通常不寻求帮助，因为他们觉得自己不配得到。但是既然消极的自我形象经常源于过去他人如何对待你，你现在需要得到他人的帮助以挑战来自过去的消极信息，你需要向朋友、同事甚至是医生或精神领袖咨询。

心灵故事

一位大学生的自述

在许多人眼里，我是一个比较出色的人，可我自己感觉并没有他人想的那样强。所谓“天外有天，人外有人”，尤其在北京大学这样的环境里，各方面都优秀的人实在是太多了。事实上，我常常怀疑自己的能力，很多时候已经到了自卑的境地了。我记得最牢的，多数是自己的失败经历或者是在成功的事情背后遭遇的挫折。在看待他人的表现时，我又习惯于拿他人最突出的、最闪光的方面作为参照的标准，结果看到的我自己——普普通通，甚至一无是处。我总是从悲观的角度来看待问题，没有自信而且惧怕失败。我陷入了表现误区，即我必须达到某种标准才能有好的自我感觉；指责误区，即失败者不配得到爱，应该受到惩罚；认可误区，即我必须得到一些人的认可，才能觉得自己有价值并且有好的感觉。

虽然有失败，我仍会被完全饶恕和接受。其实我早该意识到这一点，也许可以卸下过多的心理负担。我曾经最担心的事是在学习上表现不佳让关爱我的人失望。但事实呢？在高考成绩出来之后我能否被北京大学录取还是悬念时，所有亲人和朋友给我的都是鼓励，没有丝毫的指责。他们对我说：“大学很重要，但人生并不是一所大学就能够决定的，也不单是由学习决定的。”

为了回报关爱我的人们而使自己生活在焦虑之中，从而失去快乐，即便成功也只是觉得完成了任务而没有享受到乐趣，这些肯定不是真正爱我的人希望看到的。相反，没有负担地去接受这些爱，开开心心地做到自己的最好，不再时时刻刻心怀对失败的恐惧，坦然地面对成功，这些才是他们所期望的吧！

所以，我应该自信而骄傲地宣布：我值得被爱！无论成功，还是失败！

(四)退缩的自主——从众

相关链接

从众实验

心理学家阿希(1951)关于知觉方面的从众实验非常著名。典型的实验材料是18套卡片，每套两张，一张画有标准线段，另一张画有比较线段。被试7人一组，其中6人是实验助手(假被试)，第7人是真正的被试。被试的任务是，在每呈现一套卡片时，判断A，B，C三条线段中哪一条与标准线段X等长。

实验开始，前几次判断，大家都作出了正确的选择，从第7次开始，假被试(助手)故意作出错误的选择，实验者开始观察其被试的选择是独立还是从众。面对这一实验情境，真被试在作出反应前需要考虑以下三个问题：是自己的眼睛有问题，还是他人的眼睛有问题？是相信多数人的判断，还是相信自己的判断？在确信多数人的判断是错误时，能否坚持自己的独立性？阿希从1951年开始，1956年、1958年又多次重复这项实验，结果发现：

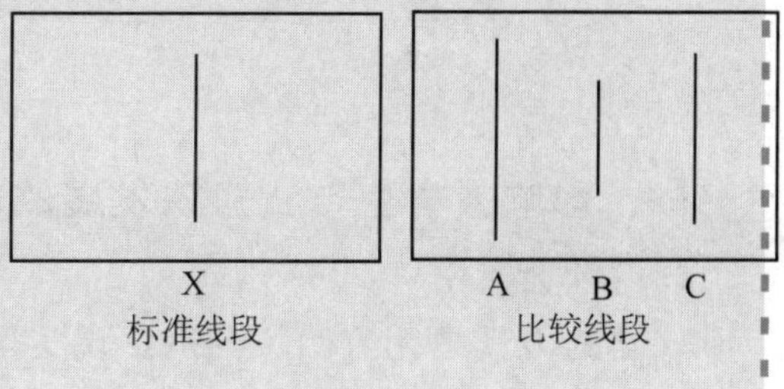

图2-1　阿希的从众实验

- 有1/4～1/3的被试始终保持独立性，无从众行为。
- 约有15%的被试平均作了总数3/4的从众行为。
- 所有被试平均作了总数1/3的从众行为。

通过从众经典实验，我们可以看到：从众是一种普遍存在的心理现象，它是在群体舆论的压力下，放弃个人意见而采取与大多数人一致的自我保护行为。从众心理人皆有之，但有过强从众心理的学生，缺乏独立思考，缺乏主见，易丧失自我，有碍于心理发展。

造成从众心理过强的原因是多方面的：

第一，害怕孤立，为求得小团体的认同，避免被孤立而放弃主见。

第二，缺乏自信，不能下判断、作决定，只好随大流。

第三，因接受过多“听话”“服从”教育，形成了惰性的人格特质，影响了独立思考精神的养成。

(五)变态的自立——逆反

大学生的心理发展存在不平衡性，如果处理不好，学生在这个阶段容易出现逆反心理，即“对着干”“越不让做的事，越要做”。对于学生的逆反，如不加以正确引导，消极作用会很大，如助长个人自由主义倾向、使人际关系僵化、不利于个人的社会化、形成固执等不良性格。

(六)放纵的自我——任性

任性指不顾及他人的想法，不进行自我克制，而一味要求他人依着自己行事；喜欢单从个人的好恶出发，意气用事。任性者容易被本能的欲望和偶然的动机以及不良的情绪所左右；容易发展到以自我为中心、唯我独尊的境地。通常，人们会认为任性者是受到娇宠的、不懂事的、没长大的。同时，会认为任性者是不受欢迎的。

第三课　培养健康的自我意识

一、影响大学生自我意识发展的因素

（一）社会楷模

榜样的力量是无穷的。的确，现实生活中的先进人物，以及一些励志的座右铭都是影响大学生自我意识发展的重要因素，它激励着大学生不断完善自我意识。

（二）他人评价

俗话说：旁观者清，当局者迷。他人的评价是客观认识自己的一面镜子，可以帮助自己了解“现实的我”的形象。他人评价能有效促进自我意识的发展。

（三）个人实践

社会楷模、他人评价固然对自我意识的发展起着十分重要的作用，但自我意识的发展归根结底需要个人进行实践、进行整合。可见，个人实践是影响自我意识发展的关键因素。

二、培养大学生健康的自我意识

大学生健康的自我意识的培养，需要引导学生消除不正确的认识、正确地认识自我、积极地悦纳自我、科学地塑造自我。

前面两课已涉及如何消除不正确的自我认识，以及如何正确地认识自我，下面重点阐述悦纳自我的四个步骤。

第一步，接纳自己的外表。多数人都希望自己的外表是令人满意的，尤其在年轻的时候。但结果却是：多数人对自己的外表都不太满意，总能在自己的外表中找到一些不尽如人意的地方。总希望自己更完美一些，这本是人之常情，可以理解。但当个别人对外表过分患得患失，就需要切记：对待外表的观念比外表本身更重要。因为人的外表是与生俱来的，没必要用什么标准来苛求自己。俗话说得好：“人不可貌相”“相由心生”，更多地关注自身的内在素质，才是自己能掌控的，才是具有长远魅力的。

第二步，善待自己的气质。每种气质类型都有其优势与弱势，没有好坏之分，如同为文学家，李白倾向于胆汁质，杜甫倾向于抑郁质，郭沫若倾向于多血质，茅盾则倾向于黏液质。我们没有必要讨厌自己气质中不好的部分。老用自己的弱点与他人的优点相比，会使自己丧失自信。我们需要做的是：善待自己的气质，充分发挥气质中的积极面、改善消极面，就能获得成功。

相关链接

什么是气质

心理学对气质的理解是：一个人对人、对事的反应速度、强度和灵活性等个人稳定的心理特征。

心理学家对人的气质作了很多研究，最典型的是将气质分成四种类型：胆汁质、多血质、黏液质和抑郁质。一位心理学家举过一个有趣的例子：有四个人去看球赛，到达球场时已经开赛了，检票员不让他们进去。这时，其中一个人马上就与检票员大声争论，并想强行闯入；另外一个人见这里守得很严，就悄悄跑到另外一个门溜进去了；还有一个人则心平气和地等着，直到中场休息时才进去；最后一个人却感到十分沮丧，对球赛再也没有兴趣了，转身就走。这四个人的行为正好反映出以上四种最典型的气质类型。

一般来说，胆汁质的人态度直率、精力旺盛、情绪外露、反应快，但不灵活、抑制能力差；多血质的人待人热情、善交际、情绪外露、反应快而灵活，但情感易变、注意力不易集中；黏液质的人举止沉稳、心理平衡性好、自制力强、对人真挚、注意力集中、反应慢且稳定，但易冷漠、固执；抑郁质的人处事谨慎、灵敏度高、善于觉察细节、为人深沉、反应慢，但情绪内向、多疑、易缺乏自信。

人的神经系统基本上是先天遗传的，所以气质类型也是由先天因素决定的，它具有高度的稳定性，一生也难以改变。在我们中间，某一类典型气质的人不多，更多的是近似于某一种类型或者是两三种类型混合的类型。气质特点对人的性格有很大的影响，使我们表现出许许多多的差异。有的人性格外向，容易与人相处；有的人性格内向，与陌生人交往显得比较困难，这里面有气质类型差异的原因。

气质可以通过我们的言行举止体现为某种外在形象。如黏液质的人显得比较“酷”、胆汁质的人显得比较“耿直”、抑郁质的人显得有点“多愁善感”、多血质的人显得有点“活跃”。

第三步，改善我们的性格。作为一个人的态度特征，性格有好坏之分。我们通常喜欢豁达、大方、勤劳、善良的性格，讨厌自私、懒惰、懦弱、冷漠、多疑的性格。虽然性格是经历长期生活而形成的，具有相当的稳定性，但由于它主要是建立在后天的基础上的，所以又具有改变的可能，前提条件是要有目标和毅力。行为主义心理学主张：人的性格形成是不断强化的结果。人的行为习惯因正强化而不断加强，因负强化而不断削弱。因此，要塑造自己的某种性格特点（如坚韧不拔、胸襟开阔等），就必须在生活中不断为自己的性格塑造提供正强化的机会和条件。完善自己的性格可分三步进行：①找出某种性格特点。②寻找完善的做法。③实践、实践、再实践。总之，人生来时不具有某种性格，人的性格是在生活实践的过程中形成的。性格的形成和发展，反映着一个人的整个生活历程。一般来说，人的性格，到了中学时期即青年期就已初步稳定了。但也并不完全局限于此，由于生活实践的变化或个人的主观努力，在人的整个生活中，性格还是可能发生某些大的变化的。我们需要切记：找出自己性格的突出特征，不断加强自身的性格修养是一个长期的过程。

第四步，正确认识我们的智力。心理学家编制智力测验最初是用来鉴别智力低下的人，以便对他们进行特殊的教育。目前，传统的智商分数更多的是被用来预测一个人的学业成就。不能只依据智力测验的结果说明我们能力的全貌，更不可能只依据智力测验的结果准确预测我们能否成功。

近年来，人们提出了很多种智力学说，其中影响很大的是美国心理学家霍华德·加德纳提出的“多元智能理论”，认为人类的智力至少可以分为八种：言语智能、逻辑－数学智能、空间智能、音乐智能、运动智能、人际智能、自知智能、自然智能。我们每个人都具备这八种智力，但存在个体差异，即我们的这些能力有的显得比较发达，有的则不发达，甚至终生无法显示出来，因而我们就表现出了不同的才能，并在不同的方面取得成功。伟大的爱因斯坦，除了在数学和物理学方面的才能突出之外，在其他方面只能算极其一般的人。如果没有他的姨妈和侄女的照顾，他的生活也许就一塌糊涂。

同时，科学研究表明：智力很大程度上受到遗传基因的影响。“双胞胎试验”显示，同卵双胞胎(基因完全相同)比异卵双胞胎(基因50%相同)的智力更为相似，而无论是同卵还是异卵双胞胎，其智力的相似度都大大高于没有血缘关系的人。也就是说，在一对双胞胎中，如果一个很聪明，那么另一个一般也很聪明。“收养试验”也证实养子或养女的智力更接近他们的亲生父母而非养父母。这说明遗传基因在决定人的智力方面起着很大作用。

一个人的人生能否成功，除了智力因素起作用外，还有非智力因素，如意志、动机、情绪、性格等。美国心理学家戈尔曼1995年第一次提出了“情商”(EQ)这一概念，指个人对自己情绪的把握和控制、对他人情绪的揣摩和驾驭，以及对人生的乐观程度和面临挫折的承受能力。情商分数则被认为是用于预测一个人能否取得职业成功或生活成功的更有效的标准，它更好地反映了个体的社会适应性。戈尔曼认为：成功＝20%的智商＋80%的情商。有人曾对132名在智力测验中取得高分的人进行了跟踪调查，发现后来他们中的大多数人没有什么突出的成就，甚至不如许多智力中等的人。

事实上，在智力测验中，真正智商超常的人不到1%，真正智力低下的不到3%，绝大多数人都处于中间水平。因此，我们不苛求一定要有超常的智商，只要我们发掘自己的优势能力，并充分重视非智力因素对人生成功具有的显著影响，相信“天生我材必有用”，将自己的潜力尽量发挥出来，就一定能拥有一个自信、充实、美好的人生。

相关链接

树立健康自我形象的核心

健康的自我形象是心灵成熟与强大的坚实基础。健康的自我形象需要归属感、价值感和重要感的支撑。通常，学生在家庭中最想确立的是归属感，即被爱、被接受、感到安全；在恋爱中最想找到的是价值感，即自己是有价值、重要的。拉里·克莱布博士说："人必须首先拥有自我价值的目标，视自己很有价值也很重要。否则，他就不可能自在地为其他人或事活着。"在学业中最想建立的是重要感，即信心、目的和能力。当认识到"我要有所作为""我有能力胜任它"，重要感就会产生。

思考与练习

1. 什么是自我意识？请你以自己为例，谈谈如何培养健康的自我意识。

2. 列举大学生成功成才的案例，分析他们在自我意识方面的共同特质。

3. 影响大学生自我意识发展的因素有哪些？

4. 怎样克服大学生自我意识发展过程中的认识误区？

5. "从很小的时候起，我就发现自己打骨子里就有一种自卑感。总觉得自己不如人，做事畏畏缩缩，说话躲躲闪闪。我特别害怕他人的取笑。取笑对我来说，就是嘲笑、挖苦、贬低、伤害。有时他人根本不是取笑，我也认为是取笑。虽然我各方面条件都不差，可心里总觉得比他人低一等。我内心软弱，总怕他人看到自己的缺点，从小就封闭自己，不与人交往。我总觉得他人不对劲，不可理喻。其实我知道不对劲和不可理喻的正是我自己。"这是一位大学生写来诉说自己苦恼的一封信。

(1)这位同学所说的心理困扰你曾经有过吗？

(2)你也曾有过自卑的感觉吗？

(3)你是否有时也认为自己事事不如人，只看到自己的短处，看不到自己的长处？

(4)你是否常常因为来自外界的负面评价而深感苦恼？如因为工作、学习不如他人，或者在某次公开场合出了丑，或者由于家境贫寒、衣着普通、自认为长得不美或者身体残疾等原因，而感到深深的自卑？请与同学一起讨论自卑的表现与调适方法。

拓展训练

训练一：如何悦纳自己

认识自己，悦纳自己，做一个独特的你自己；开发自己，展示自己，做最佳的你自己。可以通过完成下列 4 个练习来学习悦纳自己。

活动1　完成句子

目的：从9个方面完成对自我的初步认识。

要求：完成下列句子，表达你的真实想法。

①我喜欢________。

②我深深地爱着________。

③我讨厌________。

④我害怕________。

⑤我希望________。

⑥我相信________。

⑦我崇敬________。

⑧我最想从事的职业________。

⑨我一生要致力于________。

活动2　“自画像”

目的：使个人更客观地分析自己。

要求：以客观世界中的任何一种客观事物比喻自己，并说明理由。

活动3　优点大轰炸

目的：使每个人都能发现自己的长处，从而悦纳自己。

要求：10名同学左右组成一组，请每一个成员轮流站在团体中间，其他人轮流说出他的优点或对他的欣赏，态度要真诚，努力发现别人的长处，也体会自己的长处。每个站在中间被轰炸的同学认真静静地听，表示感谢，不必做任何解释。注意体会被大家指出优点时的感受。全部结束后，成员交流被“轰炸”的感觉。

活动4　接纳我的不可改变的缺点

目的：形成对自我的正确认识，完全地接纳自己。

要求：列出几项不可改变的缺点，并说出其中至少一项好处。

训练二：发现自己的品质

假设有两个对你十分了解的人正在谈论你。他们使用了许多自认为能精确描述你的词汇。阅读下面所列的词汇，找出那些你认为他们可能使用的词汇。

友好的、可爱的、敏感的、讥讽的、迟钝的、爱传话的、冷漠的、平和的、诚实的、狡猾的、脾气急躁的、善良的、幽默的、无情的、有益的、热情的、刻板的、能干的、自私的、冷僻的、机智的、抑郁的、轻率的、古怪的、快乐的、恶毒的、细心的、坦白的、忧虑的、可靠的、准时的、坚强的、通情达理的

现在你对自己有了一个大致的轮廓，接着试着把那些你认为他们不会使用的词选出来作为补充。

你对自己具有的这些品质感到高兴吗？如果不是的话，写下那些你不喜欢的品质，并找出一些具体例子来。然后，考虑一下哪些是你想具有但并未具有的品质。这些品质是怎样表现出来的？当你想表现出这些品质时，你能做到吗？

试试看。如果你能，为什么不随时表现出这些品质呢？

训练三：心理测试

活动1　自我意识测试

下表从“我是谁”“他人是谁”“人生是什么”“自然界是什么样的”四个方面，分别在左边描述了一种代表性的感受，右边是与左边相反的感受，请按照自己的实际情况，凭感觉在A，B，C，D，E的相应位置画上圆点，以方便连线。

（请注意不要以“我应当是”“我愿意是”和“我能够成为”等态度去选择，而是应当表达你事实上更像左边，还是更像右边。A，B，C，D，E代表你靠近左边还是靠近右边的感受程度。最重要的是诚实！）

自我意识测试表

一、我是谁						
左边	A	B	C	D	E	右边
1. 好人						坏人
2. 慈悲的人						无情的人
3. 慷慨的人						自私的人
4. 可靠的人						不可靠的人
5. 勤勉的人						懒惰的人
6. 果断的人						优柔寡断的人
7. 真诚的人						虚伪的人
8. 参与社会事务的人						不参与社会事务的人
9. 对他人感兴趣的人						只对自己感兴趣的人
10. 忠实的人						不忠实的人
11. 有天资的人						无天资的人
12. 优于他人的人						劣于他人的人
13. 聪明的人						不聪明的人
14. 有巨大潜力的人						无潜力的人
15. 有生活自控力的人						无生活自控力的人
16. 漂亮的人						丑陋的人
17. 可爱的人						不可爱的人
18. 举止优雅的人						举止粗俗的人
19. 领情的人						不领情的人
20. 热情的人						冷漠的人
21. 深沉的人						浅薄的人
22. 有趣的人						厌烦的人

续表

一、我是谁						
左边	A	B	C	D	E	右边
23. 积极的人						消极的人
24. 始终如一的人						反复无常的人
25. 独立的人						过分依赖的人
26. 对他人重要的人						对他人无关紧要的人
27. 被需要的人						不被需要的人
28. 许多人爱的人						无人爱的人
29. 许多人拥护的人						无人拥护的人
30. 许多人需要我的人						无人需要我的人
31. 许多人敬重的人						无人敬重的人
32. 看重自我的人						看重他人的人
33. 举足轻重的人						无足轻重的人
34. 给他人快乐的人						不能给他人快乐的人
35. 合作的人						不合作的人
二、他人是谁						
1. 真诚的人						虚伪的人
2. 无条件施爱者						有条件施爱者
3. 宽大仁慈者						狂暴冷酷者
4. 关心我						与我不搭界
5. 可亲可近						远不可及
6. 使人有信心						令人惊恐
7. 令人慰藉						令人烦恼
8. 热心的						冷漠的
9. 宽厚						狭隘
10. 给人赞美						给人威胁
11. 基本好的人						基本坏的人
12. 和善的人						敌对的人
13. 值得信赖的人						令人怀疑的人
14. 乐意帮助我的人						不关心我的人
15. 利他的人						利己的人
16. 慷慨的人						贪婪的人

续表

二、他人是谁						
左边	A	B	C	D	E	右边
17. 关心他人的人						只关心自己的人
18. 诚实的人						不诚实的人
19. 慈悲的人						无情的人
20. 忠实的人						不忠实的人
21. 感恩的人						忘恩负义的人
22. 人心是相通的						人心之间隔着厚厚的墙
23. 可靠的人						不可靠的人
24. 热情的人						冷漠的人
25. 可爱的人						不可爱的人
26. 合作的人						不合作的人
27. 协作者						对手
28. 安定的人						不安定的人
29. 痛苦和贫穷的人						无痛苦而富足的人
30. 人人都可以成为朋友						他人是地狱
三、人生是什么						
1. 愉快的体验						挣扎
2. 至关重要的						无关紧要的
3. 美好的						丑陋的
4. 冒险						持久的争夺
5. 教育						幻灭
6. 令人满意的						令人不快的
7. 挑战的						挫败的
8. 有意义的						无意义的
9. 太短						太长
10. 令人激动的						令人厌烦的
11. 为了成长						为了活着
12. 不断变化和更新的						悲哀重复的
13. 为了给予						为了索取
14. 无论如何，我不能错过						遗憾，我白活一场
15. 金钱是相对不重要的						金钱就是一切

续表

三、人生是什么						
左边	A	B	C	D	E	右边
16. 渴望明天						惧怕明天
17. 时间是有价值的						时间是无价值的
18. 老年如芳醇						老年似苦酒
19. 苦难是成长之友						苦难是成长之敌
20. 死是降生						死是悲剧
四、自然界是什么样的						
1. 太阳每天都是新的						太阳每天都一样
2. 大自然美丽无比						大自然平淡无奇
3. 大自然很有人性						大自然很麻木
4. 我常常翻地图						我从来不看地图
5. 小动物很可爱						小动物很讨厌
6. 我非常喜欢花园						我从不喜欢花园
7. 我喜欢旅游						我不喜欢旅游
8. 太阳系令人神往						太阳系与我不相干
9. 我常常想远古会是什么样的						古代的事与我没有关系
10. 我喜欢自然景观						自然景观对我没有意义
11. 生态学是个大问题						生态学不能引起我的兴趣
12. 动物世界是有趣的						动物世界与我不相干
13. 我经常抬头看星星						我几乎不太注意它们
14. 自然法则是可爱的						自然法则很烦人
15. 我喜欢四季变化						四季交替是多余的

说明：

在完成了以上选择后，用直线将所有圆点连接成线，将连线的左边部分涂成阴影，阴影部分越大，观念也就越健康，你也就越积极正面，善于用光明思维来看待世界。阴影部分越小，表示你在对自我和世界的认知中，负面思维较多，需要不断完善自己。

请记住，这种测试的目的不是诊断，而是帮助你更好地了解自我，找寻自我认知的盲点。

活动 2　自卑心理测试

下面这份测试量表，有助于你了解自己是否存在明显的自卑感及造成自卑的主要根源。本测验共 15 个问题，每个问题有 A，B，C 三个答案，请你在与自己情况较符合的答案上打“√”。

1. 你的身高与周围的人相比如何？
   A. 较矮　　B. 差不多　　C. 较高
2. 早晨，照镜子后的第一个念头是什么？
   A. 再漂亮一点就好了　　B. 想精心打扮一下
   C. 别无他想，毫不在意
3. 看到最近拍的照片你有何想法？
   A. 不称心　　B. 拍得很好　　C. 还算可以
4. 如果能够重生，下列三种选择中选哪种最好？
   A. 做女人够受的，做男人好　　B. 做男人太苦，做女人好
   C. 什么都行，男女一样
5. 你是否想过五年或十年后会有什么使自己极为不安的事？
   A. 多次想过　　B. 不曾想过　　C. 偶尔想过
6. 你被周围人们欢迎和爱戴吗？
   A. 常有　　B. 没有过　　C. 偶尔有
7. 你被周围人们起过绰号、挖苦过吗？
   A. 常有　　B. 没有过　　C. 偶尔有
8. 老师批过的考卷发下来了，同学要看怎么办？
   A. 把分数折起来让他们看不到　　B. 让他们看
   C. 将考卷全部藏起来
9. 体育运动后，有过自己"反正不行"的想法吗？
   A. 常有　　B. 没有　　C. 偶尔有
10. 你有过在某件事上绝不次于他人的自信吗？
   A. 有一两次　　B. 从来没有过
   C. 在某些方面自己有这种自信，但对不是特殊之事并不介意
11. 如果你所喜欢的异性同学与其他人更亲近，你怎么办？
   A. 灰心丧气，以后竭力避开那位异性
   B. 与那位同性公开或暗地里展开竞争
   C. 毫不在乎，一如往常
12. 碰到寂寞或讨厌之事怎么办？
   A. 陷入深深的烦恼中　　B. 吃喝玩乐时就忘却了
   C. 向朋友或父母诉说
13. 当被他人称作"不知趣的人"或者"蠢东西"时，怎么办？
   A. 回敬他：笨蛋！没教养　　B. 心中感到不好受而流泪
   C. 不在乎
14. 如果碰巧听到有人正在说你所要好的同学的坏话，你怎么办？
   A. 断然反驳：根本没有那种事

B. 担心会不会真有那回事

C. 不管闲事，认为他人是他人，我是我

15. 如果你的主要功课不管怎样努力学习，结果都输给你的竞争对手，你怎么办？

A. 尽管如此还是继续挑战，今后加倍努力

B. 感到不行只好认输

C. 从其他学科上竞争取胜

计分表

答案／题号	A	B	C
1	5	3	1
2	5	3	1
3	5	1	3
4	5	1	3
5	5	1	3
6	1	5	3
7	5	1	3
8	3	1	5
9	5	1	3
10	1	5	3
11	5	1	3
12	5	3	1
13	3	5	1
14	1	5	3
15	3	5	1

请把15道题的得分加起来计算出总得分，与下面的总体评价标准对照，看看自己属于哪种类型，再阅读有关四种自卑类型的说明。

类型	Ⅰ	Ⅱ	Ⅲ	Ⅳ
得分	15～29	30～44	45～60	61～75

类型Ⅰ：环境变化造成自卑

你平时没有自卑感，是个乐天派，并且往往很自信。你对自己的才能、外表和风度充满自信和骄傲，极少有自卑感。如果你抱有自卑感的话那是环境起了变化的缘故，譬如你进了出类拔萃的人物相聚一堂的学校或其他场所而未能体现你个人的价值时，才引起自卑。

类型Ⅱ：动机与期望过高引起自卑

你有过高的追求，有动机过强、期望值过高的缺点。你不满足于现状，想出人头地以至于追求不切实际的目标。也可以说，你过分地与周围人计较长短、得失、胜负，追求虚荣，而无法实现时，则往往陷入自卑难以自拔。

类型Ⅲ：过早断定不行造成自卑

你在搞不清楚原因前就贸然断定自己不行，自认为不如他人。这主要是你不了解周围人们的真实情况，不清楚使你焦虑的事情的本来面目。当你搞清楚后恍然大悟："怎么，竟是这么回事?"随之则坦然自如。你的自卑感主要是你的无知造成的，症结在于自认为不行就心灰意冷。

类型Ⅳ：性格怯懦造成自卑

用消极悲观的眼光看待事物，也与你的自卑有关。症结在于对自身的体魄和外貌缺乏自信，仅是看到不足与不利之处，因而遇事退缩胆怯。不管是与人交往还是学习功课，都是怯懦导致自酿苦酒。

学习反思

第三单元

大学生的情绪管理

学习目标

1. 了解情绪、情商的内涵。
2. 掌握情绪、情感对身心健康的意义。
3. 了解大学生常见的情绪困扰。
4. 学会调节和控制自己的情绪。
5. 学会运用培养健康情绪的基本方法。

单元导入

一个粗心的医生将两个病人的检查结果写反了。

原本没有癌症的病人因为被告知得了癌症，他非常伤心、痛苦、焦虑、情绪特别不稳定，没过多久，在医院的复查中果真发现自己患了癌症。

另一位原本有癌症的病人因为拿到了没有癌症的诊断结果，心情非常愉快，健康状况竟然渐渐好转了。

可见情绪的作用是多么大！

第一课　认识情绪、情感与情商

情绪是影响身心健康的重要因素，处于青春后期的大学生有着丰富的情绪体验，其心理健康在很大程度上受到情绪健康的影响。因此，认识情绪、了解情绪、管理情绪，对提高大学生的心理素质、促进大学生健康成长具有非常重要的意义。

精彩语录

一切的和谐与平衡，健康与健美，成功与幸福，都是由乐观与希望的向上心理产生与形成的。

日出东海落西山，愁也一天，喜也一天；遇事不钻牛角尖，人也舒坦，心也舒坦。

一、认识情绪与情感

(一)情绪

人非草木，孰能无情。每个人在生活中都曾经体验过不同的情绪。情绪能给人带来快乐和满足，也使人不可避免地遭受到苦恼和折磨。例如，顺利地完成一项工作后会感到喜悦与轻松，遭遇挫折后会感到沮丧和悲观，危险时的恐惧，急迫情形下的焦虑等，这些感受上的变化都是我们通常所说的情绪(见图 3-1)。虽然情绪如此的屡见不鲜而又为我们亲身体验着，但如何给情绪下一个准确的定义却并非易事，其原因在于情绪本身是一个十分复杂的心理过程，是一种多维度、多形态、多功能的复合体。因此，我们需要从不同的角度进行思考。

图 3-1　情绪

1. 情绪的含义

不同的研究者给情绪下了不同的定义。如情绪心理学家斯托曼认为“情绪是感受，是与本身结构有关的身体状态，它是粗糙的或经过精细化的行为并发生于特定的情景之中”。功能主义则把情绪定义为“情绪是个体与环境意义事件之间关系的心理现象”。诸如此类的定义还有很多。不过目前较为通用的定义认为：情绪是人对客观事物是否符合自己的需要而产生的态度体验。为了更好地理解情绪，我们从两个方面加以分析。

情绪是由刺激引起的。情绪不是自发产生的，而是由一定的客观事物引起的。在社会生活中，人们为了生存与发展，要接触各种各样的事物，这些事物对人有不同的意义，因而人对其就抱有不同的态度，从而产生了不同的体验。如丑恶的现象让人憎恨，美好的事物让人愉悦。这些由种种事物引起的喜、怒、哀、惧等体验，就是情绪的不同表现形式。

情绪的产生以需要为中介。不是任何客观事物都能够引起情绪体验的，如车声、铃声在一般情况下不能引起我们的情绪体验，但当我们需要安静的时候，这些声音就让我们觉得讨厌；当我们盼着下课的时候，铃声就会让我们感觉特别愉快。这说明客观事物能否引起人的情绪体验，是以人的需要为中介的。情绪是客观事物与人的需要之间关系的反映。凡是能够满足人的需要、符合人的愿望的客观事物就使人产生愉快、喜爱等积极的情绪体验；凡是不符合人的需要或者违背人意愿的客观事物，就会使人产生烦闷、厌恶等消极的情绪体验。

2. 情绪的成分

情绪研究者大多从以下三个方面来分析情绪的成分：主观体验、生理唤醒、外显行为。

情绪的主观体验是大脑对客观事物的一种感受状态。它通过人们对客观事物能否满足自己需要的评估而产生。如果客观事物能够使人们的需要得到满足，就会产生愉悦的情绪，相反，当需要不能满足时则产生失望、痛苦等体验。当我们产生某种情绪体验时，身体内部也会伴随着相应的变化，身体的这种变化就是生理唤醒。任何一种情绪都会引起一定程度的生理唤醒。例如，当我们愤怒时，会发生很多身体上的变化：心跳加快、呼吸急促、肌肉紧张、面色潮红，有时候甚至是肠胃不适。情绪的第三个成分是外显行为。外显行为主要是指情绪总是伴随着相应的面部表情和身体姿势。当我们快乐时会有笑的表情，甚至手舞足蹈；当我们害怕时，会睁大眼睛、张大嘴巴或者喊出声音。主观体验、生理唤醒、外显行为只有同时活动、同时存在，才能构成一个完整的情绪体验过程。只有其中一个或者两个成分时，不会产生一个真正的情绪过程。例如，一个人假装快乐时，只有快乐的外显行为，却没有真正的内在主观体验和生理唤醒，因而也就称不上真正的情绪过程。

3. 人类的基本情绪

尽管人的情绪多种多样，但是一些基本的情绪是人类共有的。一般认为快乐、愤怒、悲哀、恐惧是人类的基本情绪，是人类不需要学习就会有的本能情绪。

快乐是一种追求并达到目的时或者紧张解除后所产生的情绪体验，是人的需要得到满足后产生的喜悦、满意、振奋的情绪。具有正性享乐色调的情绪，让人产生超越感、自由感和接纳感。快乐的程度可以分为满意、愉快、欢乐、狂喜等。

愤怒是由于所追求的目标受到干扰或阻碍，愿望无法实现，目标不能达到时所产生的情绪体验。愤怒可以细分为不满意、生气、愠怒、激怒、暴怒等。愤怒情绪最容易发生在遭遇不合理的挫折或遭遇恶意伤害而造成不幸发生时。

悲哀是在失去心爱的对象或愿望破灭、理想不能实现时所产生的体验。悲哀情绪体验的程度取决于对象、愿望、理想的重要性与价值。悲哀可以细分为遗憾、失望、难过、悲伤、极度悲痛等。由悲哀所带来的紧张得到释放时就产生哭泣。

恐惧是企图摆脱、逃避某种危险情景时所产生的体验。引起恐惧的重要原因是缺乏准备、不能处理或驾驭某种可怕的情景。如遇到火灾、地震时，由于经验不足、无力应付时，往往就会恐惧。有时候，当人们熟悉的环境发生了意想不到的变化或者出现了与个人经验不一致的现象时，也可能会产生恐惧。当险情威胁到生命时，还可能产生绝望的体验。

在以上四种基本情绪之上，可以派生出众多的复杂情绪，如厌恶、羞耻、悔恨、嫉妒、喜欢、同情等。

4. 情绪状态

依据情绪发生的强度、速度、紧张度、持续性等指标，可将情绪分为心境、激情和应激。

心境是一种具有感染性的、比较平稳而持久的情绪状态。当人处于某种心境时，会以同样的情绪体验看待周围的事物，将对某一特定事物的体验迁移到其他事物身上，如人伤感时会见花落泪，望月伤怀等。平稳的心境可持续几个小时、几周或几个月，甚至一年以上。

激情是一种爆发快、强烈而短暂的情绪体验。如在突如其来的外在刺激作用下，人会产生勃然大怒、暴跳如雷、欣喜若狂等情绪反应。在这样的激情状态下，人的外部行为表现比较明显，生理唤醒程度也较高，控制力减弱，对自己的行为后果不能作出正确的评价，因而很容易失去理智，甚至作出不顾一切的鲁莽行为。激情也有积极的一面，如艺术家创作、见义勇为、即兴演说等都需要激情。

应激是指意外的刺激引起的适应性反应。当人面临危险或突发事件时，人的身心会处于高度紧张状态，引发一系列身心反应。处于应激状态下的生理反应包括肌肉紧张、心率加快、呼吸变快、血压升高、血糖升高等。例如，当遭遇歹徒抢劫时，人就可能会产生上述生理反应，从而积聚力量以进行反抗。处于应激状态下的心理反应主要有：心烦意乱、注意力不集中、思维混乱等。应激心理反应常常通过行为变化表现出来，如心烦意乱表现为急躁、爱发脾气；情绪压抑表现为沉默、面无表情、行动减少等。应激状态不能维持过久，若长时间处于应激状态，得不到调整，很容易引起身心疾病。

(二)情绪与情感

1. 情感的内涵

情感，包括一个“感”字、一个“情”字，有感觉之意，又有别于“感觉”。英语中的 feeling 则有感觉、知觉、触觉、同情、体谅等多种含义。这说明情感的概念既包含同感觉、感受相联系的“感”字，又包含与“同情”“体验”等相联系的“情”字。因此，情感的基本内涵是感情方面的“觉知”。它集中表达了感情的体验和感受。情感经常被用于描述社会性较高的感情现象。一般认为，具有稳定而深刻的社会含义的感情性反应叫作情感。人们也通常把那些受社会规范制约的感情状态称为情感，有时在表示感情内容时采用情感概念。

2. 情感的种类

情感包括道德感、理智感和美感。

道德感是根据一定社会的道德标准，对人的思想、行为作出评价时所产生的情感体验。当自己或他人的言行符合道德规范时，对自己会产生自豪感，对他人会产生敬佩、羡慕、尊重等情感；当自己或他人的言行不符合道德规范时，对自己会产生自责、内疚等情感，对他人会产生厌恶、憎恨等情感。

理智感是在认知活动中，人们认识、评价事物时所产生的情绪体验。如发现问题时的惊奇感，分析问题时的怀疑感，解决问题后的愉快感，对认识成果的坚信感等。理智感常与智力的愉悦感相联系。

美感是根据一定的审美标准评价事物时所产生的情感体验。它是人对自然和社会生活的一种美的体验。如对优美的自然风景的欣赏，对良好社会品行的赞美。美感的产生受思想内容及个人审美标准的制约。丑陋的内涵冠以漂亮的外表，也无法使品德高尚的人产生美感。而且，不同人的审美标准不同，也会使不同个体的美感产生差异。

3. 情绪与情感的关系

在心理学上，情绪和情感有时是交替使用或通用的，都是人对客观事物是否满足自己的需要所作出的一种心理反应。但两者之间是有差别的。

从需要的角度看，情绪更多的是与人的物质或生理需要相联系的态度体验。如当人们满足了饥渴需要时会感到高兴，当人的生命安全受到威胁时会感到恐惧，这些都是人的情绪反应。情感更多地与人的精神或社会需要相联系。如友谊感的产生是由于我们的交往需要得到了满足，当人们获得成功时会产生成就感。友谊感和成就感就是情感。

从发生早晚的角度看，情绪发生早，情感产生晚。人出生时会有情绪反应，但没有情感。情绪是人与动物所共有的，而情感是人所特有的。它是随着人的年龄增长而逐渐发展起来的。如人刚生下来时，并没有道德感、成就感和美感等，这些情感反应是随着人的社会化过程而逐渐形成的。

从反应特点看，情绪具有情境性、激动性、暂时性、表浅性与外显性，如当我们遇到危险时会极度恐惧，但危险过后恐惧会消失。情感具有稳定性、持久性、深刻性、内隐性，如父辈对下一代的期望和爱。

(三)情绪与情感的表达

表情是情绪情感表达的一种方式，也是人们交往的一种手段。

人们除了言语交往之外，还有非言语交往，如表情。在人类交往过程中，言语与表情经常是相互配合的。同是一句话，配以不同的表情，会使人产生完全不同的理解。所谓的“言外之意”“弦外之音”就更多地依赖于表情的作用。而且，表情比言语更能显示情绪的真实性。有时人们能够运用言语来掩饰和否定其情绪体验，但表情则往往不能掩饰内心的体验。情绪作为一种内心体验，一旦产生，通常会伴随相应的非言语行为，如面部表情和身体姿势等。

表情可以分为三类：面部表情、身体姿势、言语表情。通过它们的相互配合，可以更加准确或复杂地表达不同的情绪。

1. 面部表情

面部表情由眉、眼、鼻、嘴的不同组合构成，通过面部肌肉和腺体的变化来表现情绪，如眉开眼笑、怒目而视、愁眉苦脸、面红耳赤、泪流满面等。面部表情是情绪表达的基本方式，也是人类的基本沟通方式，具有泛文化性。同一种面部表情会被不同文化背景下的人们共同承认和使用，以表达相同的情绪体验。心理学家经过研究发现，有七种表情是世界上各民族人都能认出的，不同文化背景的人都能精确辨认这七种基本表情。它们是快乐、惊讶、生气、厌恶、害怕、悲伤和轻视。面部表情识别的研究还发现，最容易辨认的表情是快乐、痛苦，较难辨认的是害怕、悲伤，最难辨认的是怀疑、怜悯。一般来说，情绪成分越复杂，表情也越难辨认。

互动平台

请你将七种基本表情(快乐、惊讶、生气、厌恶、害怕、悲伤和轻视)与图3-2进行匹配。

图 3-2　七种基本表情

2. 身体姿势

身体姿势由人的身体姿态、动作变化来表达情绪。如高兴时手舞足蹈，悲痛时捶胸顿足，成功时趾高气扬，失败时垂头丧气，紧张时坐立不安，献媚时卑躬屈膝等。身体姿势不具有跨文化性，并受不同文化的影响。研究表明，手势表情是通过学习获得的。在不同的文化中，同一手势所代表的含义可能会截然不同。如竖起大拇指在许多文化中是表示夸奖的意思，但在希腊却有侮辱他人的意思。手势表情具有丰富的内涵，但隐蔽性也最小。弗洛伊德曾描述过手势表情：凡人皆无法隐瞒私情，尽管他的嘴可以保持缄默，但他的手指却会多嘴多舌。

3. 言语表情

> **想一想**
>
> “这是怎么回事”这句话，你能表达出多少种不同的情绪？

言语表情是通过言语中语音的高低、强弱、抑扬顿挫等声调、速度、节奏、音色等方面的变化来表达情绪的。如人们惊恐时尖叫；悲哀时声调低沉，节奏缓慢；气愤时声高，节奏变快；爱慕时语调柔软且有节奏。同样一句话，用不同的声调讲出来，会表达出不同的情绪与情感，如“什么”一词，既可以表示疑问，又可以表示惊奇、愤怒、鄙视等。

二、情商

> **心灵故事**
>
> 2006年7月10日凌晨，在法国足球队与意大利足球队的“大力神杯”决赛现场，第111分钟，法国队队长、著名球星齐达内，以一记出人意料的和尚撞钟式的犯规动作，将意大利球员马特拉齐撞倒，被红牌罚出场外，结束了自己的世界杯之旅，同时也给自己的足球生涯画上一个不完整的句号。在那一刹那，全世界11亿球迷无不为之惊诧和惋惜。他华丽的脚法，太极般的动作，四两拨千斤的巧妙，所有这些，只是他不可思议的冲动的背景。

在这个案例中，齐达内为自己情绪冲动所付出的代价是巨大的，在为齐达内惊诧和惋惜的同时，我们不得不思考一个问题：是什么让齐达内“华丽的脚法，太极般的动作，四两拨千斤的巧妙”成了他“不可思议的冲动的背景”？

(一)情商的提出

情商(EQ)即情绪智商。这一概念由当代美国耶鲁大学心理学家沙洛维和梅耶于1990年正式提出。他们将这一词语用于描述一个准确评价和表达情绪的能力，有效调节情绪的能力，将情绪体验用于驱动、计划和追求成功等动机和意志过程的能力。情绪智商概念的提出，引起了心理学界的重视和企业界的关注。一些企业管理人员开始尝试将情绪智商的知识用于实际工作中，并取得了成功。企业界的成功运用，使情绪智商名声大振，也引起了新闻界的兴趣。1995年，美国《纽约时报》行为科学和脑科学的专栏作家、《今日心理学》前任主编戈尔曼将有关成果以通俗的形式汇编成《情绪智商》一书，在情商概念的普及中发挥了非常重要的作用。

(二)情商的含义与内容

情商究竟是什么？一般认为情商是指个体控制和调节自身情绪体验，对他人情绪的揣摩和驾驭，以及对人生的乐观程度和面临挫折的承受能力的水平。它是一种心灵力量，是人的另一种形式的智慧。它显示了一个人认识、控制、调节自身和他人情绪情感的能力。情商的高低反映了一个人及时有效处理情绪情感水平的高低。

情商具体包括哪些内容呢？

戈尔曼在《情绪智商》中则提出情绪智商包括五种能力：情绪的自我觉察能力、情绪的自我调控能力、情绪的自我激励能力、对他人情绪的识别能力和处理人际关系的能力(见图 3-3)。

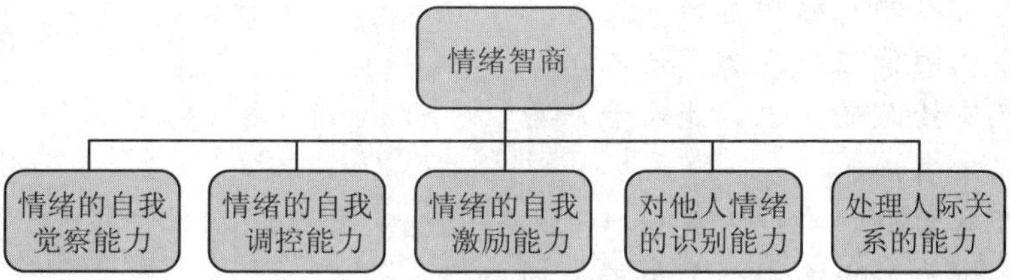

图 3-3　戈尔曼的情绪智商

1. 情绪的自我觉察能力

情绪的自我觉察能力是指了解自己内心的一些想法和心理倾向，以及自己所具有的直觉能力。自我觉察，即当自己某种情绪刚一出现时便能够察觉，它是情绪智力的核心能力。一个人所具备的、能够监控自己的情绪以及对经常变化的情绪状态的直觉，是自我理解和心理领悟力的基础。

2. 情绪的自我调控能力

情绪的自我调控能力是指控制自己的情绪活动以及抑制情绪冲动的能力。情绪的调控能力是建立在对情绪状态的自我觉知的基础上的，是指一个人如何有效地摆脱焦虑、沮丧、激动、愤怒或烦恼等因为失败或不顺利而产生的消极情绪的能力。这种能力的高低，会影响一个人的工作、学习与生活。当情绪的自我调控能力低下时，就会使自己总是处于痛苦的情绪旋涡中；反之，则可以从情感的挫折或失败中迅速调整、控制并且摆脱而重整旗鼓。

3. 情结的自我激励能力

情绪的自我激励能力是指引导或推动自己去达到预设目的的情绪倾向的能力，也就是一种自我激励能力。它是要求一个人为服从自己的某种目标而产生、调动与指挥自己情绪的能力。

4. 对他人情绪的识别能力

对他人情绪的识别能力是指具有觉察他人的感情与需求，以及关心周围事情的能力。对他人情绪的识别能力是在对情绪的自我觉知的基础上发展起来的另外的一种能力，也是一个人最基本的人际交往与建立人际关系的一种能力。这种能力可以使一个人分享他人情感，对他人感同身受，并且能够客观地理解、分析他人的情绪。

5. 处理人际关系的能力

处理人际关系的能力是指善于调节与控制他人情绪反应，并能够使他人产生自己所期待的反应的能力。一般来说，能否处理好人际关系是一个人是否被社会接纳与受欢迎的基础。在处理人际关系的过程中，重要的是能否正确地向他人展示自己的情绪情感，因为，一个人的情绪表现会对接受者即刻产生影响。如果你发出的情绪信息能够感染和影响对方的话，那么，人际交往就会顺利进行并且深入发展。

相关链接

高情商的表现：

尊重所有人的人权和人格尊严。

不将自己的价值观强加于他人。

对自己有清醒的认识，能承受压力。

自信而不自满。

人际关系良好，和朋友或同事能友好相处。

善于处理生活中遇到的各方面的问题。

认真对待每一件事情。

较高情商的表现：

是负责任的“好”公民。

自尊。

有独立人格，但在一些情况下易受别人焦虑情绪的感染。

较高自信而不自满。

有较好的人际关系。

能应对大多数的问题，不会有太大的心理压力。

较低情商的表现：

易受他人影响，自己的目标不明确。

比低情商者善于原谅，能控制大脑。

能应付较轻的焦虑情绪。

把自尊建立在他人认同的基础上。

缺乏坚定的自我意识。

人际关系较差。

低情商的表现：

自我意识差。

没有自信，无确定的目标，也不打算付诸实践。

严重依赖他人。

处理人际关系能力差。

应对焦虑能力差。

生活无序，爱抱怨。

心灵故事

传说春秋战国时期的伍子胥为了逃避楚平王的追捕，要逃亡城外。当他看见城门关口已经有重兵把守，戒备森严，早已为他布下了关卡时，由于极度焦虑，他竟然在一夜之间须发全白。

伍子胥一夜之间须发全白是焦虑过度造成的。在生活中还有很多的情绪体验，如愤怒、抑郁等，它们也在影响着我们的身心健康。

第二课 情绪情感与健康

一、情绪、情感对身心健康的作用

(一)良好的情绪情感能促进身心健康

良好的情绪情感是维护心理健康的保证。凡是情绪情感健康的人，往往对生活充满热爱、对自己充满信心，好奇心和求知欲浓郁，思维活跃，富有创造力，爱好广泛，行为积极主动、乐于交往，能够与人建立相互信任、理解的友好关系，有利于提高学习、工作效率，激发潜能，实现全面发展。

不仅如此，良好的情绪情感还是促进生理健康的有效途径。良好的情绪情感能提高大脑及整个神经系统的活力，使体内各器官的活动协调一致，有助于充分发挥整个机体的潜能，有益于身心健康和提高学习工作效率。良好的情绪不仅使血压稳定、心跳舒缓、胃张力上升、消化液分泌增多，能增强心血管、消化系统的功能，还能增强机体免疫力，提高机体抗病能力。曾有许多癌症患者都是以乐观向上的积极情绪，创造了战胜死神的奇迹。长寿者的最大共同点就是能够保持心情愉快、乐观豁达或心平气和。

一项长达30年的关于情绪与健康关系的追踪研究发现，年轻时性情压抑、焦虑和愤怒的人患结核病、心脏病和癌症的比例是性情沉稳的人的4倍。因此，积极而正常的情绪体验是保持心理平衡与身体健康的条件。曾有人说过，一个小丑进城胜过一打医生，就非常形象地说明了情绪对人身体健康的影响。

(二)不良情绪危害身心健康

不良情绪主要是指过度的情绪反应和持久的消极情绪。

过度的情绪反应是指情绪反应过分强烈，超过了一定的限度，如狂喜、暴怒、悲痛欲绝、激动不已等。过度的情绪冲击，会抑制大脑皮层的高级心智活动，打破大脑皮质的兴奋和抑制之间的平衡，使人的意识范围变得狭窄，正常的判断力、自制力被削弱，甚至有可能使人精神错乱、神志不清、行为失常。许多反应性精神病就是这样引发的。

持久的消极情绪是指在引起悲、忧、恐、惊、怒等消极情绪的因素消失后，仍数日、数周甚至数月沉浸在消极状态中，不能自拔。持久性的消极情绪常常会使人的大脑机能严重失调，从而导致各种神经症和精神病，如焦虑症、抑郁症、强迫症、神经衰弱等。心理问题和心理疾病大多与长期消极情绪有密切关系。

不良情绪不但会损害人的心理健康，还可能会损害人的生理健康。我国古代医学中很早就有关于不良情绪影响人的生理功能的记述，如喜伤心、怒伤肝、忧伤肺、思伤脾、恐伤肾。这里的喜、怒、忧、思、恐都是指情绪反应超过了一定的限度或过分强烈或持续过久。如长期的消极情绪会影响人的免疫力，从而造成人体抗病能力下降。现已知不良情绪与癌症、糖尿病、风湿病等严重危害人生命的疾病发生、发展密切相关。

二、大学生常见的情绪困扰与心理健康

人生活在纷繁复杂的社会中，总会遇到一些不如意或迷惑的事情，内心会产生一些紧张、不安、无助等负面的情绪体验。当这些负面的、消极的情绪体验无法得到及时有效的解决时，就产生了情绪困扰。大学生常见的情绪困扰主要有自卑、焦虑、抑郁、愤怒等。

(一)自卑

自卑是个体对自己某种生理的、心理的因素或其他原因的认知偏差而导致的轻视自己的消极情绪体验。自卑通常表现为对自己的评价过低、瞧不起自己、担心失去他人的尊重的心理状态。自卑感人人都有，只是程度不同而已。适度的自卑能激发人奋发图强，取得成功，而过度的自卑则会使人丧失自信。大学生自卑感的产生有主观和客观两种原因。就主观原因来说，主要包括不恰当的自我评价，缺乏个人专长；性格、智力等方面的不足，如腼腆、内向。造成自卑的客观原因主要包括个人先天条件的不足，如身高、长相、体形等不如意；学校、专业不如意；家庭方面的原因，如家庭不能满足自己的虚荣心等。

过度自卑对心理健康的影响是很大的。自卑的大学生心理承受能力弱，经不起较强的刺激，敏感、掩饰；他们往往过度关注自己的不足，轻视自己，容易自暴自弃，认为自己这也不行，那也不行。自卑的大学生还常常自我封闭、行为畏缩、不敢与人交往，对他人经常产生猜疑、嫉妒的心理。

(二)焦虑

焦虑是人们面临威胁或预料到某种不良后果时产生的一种不安状态，同时会伴有忧虑、紧张、害怕、担忧等情绪体验。适应困难、学习压力、人际关系、对能力修养不足的担忧等均可引发焦虑。

根据特征的不同，可将焦虑分为四个层次：①身体紧张。自己没有办法放松，全身紧张，表情严肃，长吁短叹。②自主神经反应强烈，表现为容易出汗、眩晕、

呼吸急促、心动过速、大小便频繁等。③对未来产生无名的担心。担心职位、工作、亲人、财产、健康等。④过分机警。时刻处于警觉之中，对周围的细微变化和他人的言行充满警惕。

适度的焦虑是有益的。它可以提高人的警觉水平，加快心理反应，调动身心潜能，从而更好地解决问题。研究发现，中等水平的焦虑，个体的表现水平是最佳的。但是不适当的、过分的焦虑则会使人心情过度紧张，心烦意乱，注意力难以集中，不能正确推理、判断，记忆力减退、头脑反应迟钝，有时还会伴有头痛、心跳加快、失眠、食欲缺乏等身体反应，以致影响学习、生活和人际关系。完全没有焦虑则会因为不在乎而影响表现水平的发挥(见图 3-4)。

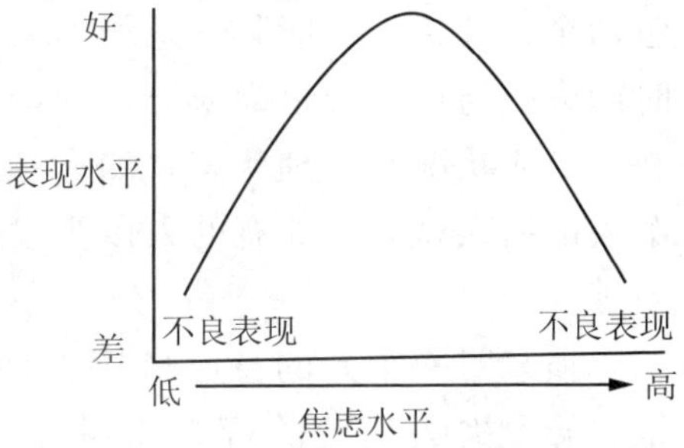

图 3-4　焦虑水平和表现水平关系图

(三)抑郁

抑郁是因为感到无力应付外界压力而产生的一种持续时间较长的低落消沉的消极情绪，常常伴有厌恶、痛苦、羞愧、自卑等情绪体验。对大多数人来说，抑郁只是偶尔出现，抑郁情绪会随着时过境迁而消失。但是对另一些性格内向、多疑多虑、不爱交际的人来说，在生活中遭遇意外挫折时，更容易长期处于抑郁状态，严重者在抑郁状态下不能自拔，甚至酿成自杀(见图 3-5)。

引起抑郁的主要原因通常有三种：①心理和社会因素，如社会生活节奏加快带来的压力或者对社会、他人和自我的认识片面、偏激等。②与遗传有直接关系的内源性原因。这类原因引起的抑郁有时与季节有关，有时是莫名其妙地发病。③药物导致的抑郁。某些药物，如治疗高血压的药物能导致某些人出现抑郁症状。

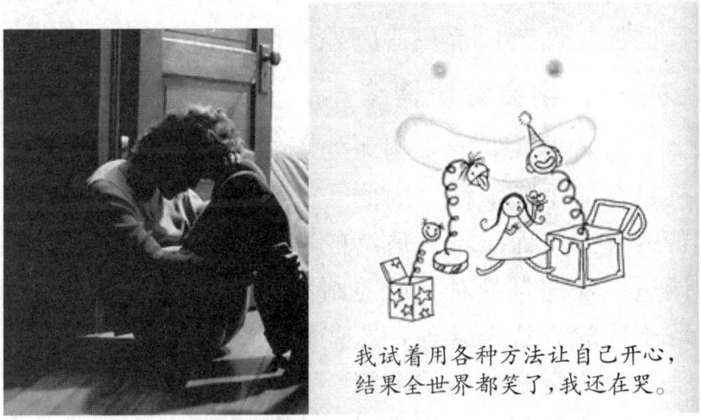

图 3-5　抑郁

抑郁会使人对学习、生活、交往等失去兴趣与热情，不能体验生活的乐趣，学习、工作效率偏低、自怨自艾、自责、对生活失去信心、对前途悲观失望，甚至产生自杀念头。严重的抑郁情绪还可能导致多种身心疾病，如胃溃疡、抑郁性神经症、肿瘤等。

(四)愤怒

愤怒是遇到与愿望相悖、愿望受阻或无法实现致使紧张状态逐渐累积而产生的强烈的情绪体验。愤怒的程度可以从不满、生气、愠怒、激愤到暴怒。

导致愤怒的原因一般有两类：外部原因和内部原因。由外部原因导致的愤怒主要出现在类似个人愿望如升学、提干、评奖等没有实现，遇到不平之事，受到侮辱，权利被侵犯，上当受骗或者对某人某事嫉妒等情况时。与愤怒有关的内部原因包括个人性格，一般脾气急躁的人容易发怒；个人的意志和自我控制能力，如青年时期大脑与皮下中枢尚未协调完善，大脑对皮下中枢的控制作用还不强，故容易发怒；身体状况和心理状态，如人在有病、疲劳、困倦、心理状态不佳时较易发怒；个人的错误认识，如有的人以为发怒可以威慑他人、挽回面子、推卸责任、满足愿望等。

愤怒对一个人的身心健康有明显的不利影响。愤怒会让人丧失理智，阻塞思维，导致失去理智的行为如损人、损物、伤人、违纪，甚至违法犯罪。当人发怒时，往往会心跳加速、心律失常。愤怒以愚蠢开始，以后悔告终。由愤怒而导致的心悸、失眠、高血压、溃疡、心脏病等并不少见，甚至导致猝死。

第三课　情绪管理与培养

情绪管理是指个体对情绪产生、体验与表达等施加监控与调节的过程，涉及对情绪的产生时间、持续时间、行为表达、心理体验、生理反应等的改变。对情绪进行监控与调节，旨在适应外界情境和人际关系的需要。

一、学会管理情绪

情绪对我们的影响无处不在，异常的情绪会导致我们采取曲解事实等方法来对抗自身的不良情绪，因此，一般的防御机制很难成为有效适应、解决问题和解除痛苦的方法。面对不良情绪的积极做法应当是坦诚地面对它，运用各种方法进行自我调适、发挥自身对情绪的制约作用。对不同的负性情绪可以结合自己的实际情况采取不同的方法来管理，这些管理的步骤与方法是具有普遍借鉴意义的。

(一)觉察自己的情绪

情绪管理的前提是树立自觉意识，即必须承认某种情绪的客观存在。例如，有惧怕心理的人首先得承认自己的惧怕，否则就无法消除恐惧。情绪觉察可以让我们对自己的情绪反应模式、情绪产生的原因有深刻的了解，还可以帮助我们洞悉当前情绪与事件、想法之间的因果关系。下面这些方法可以提高我们的情绪觉察能力。

● 找一个独处的时间和安全的空间，大声地把任何感觉不加责备、不做逃避地说给自己听。

● 选定某一情绪主题，如愤怒，进行与童年有关的自由联想，把所想到的事情不做任何筛选地大声讲出来，甚至对忘记的部分进行虚构，用以澄清自己内心的感受。

● 向父母、朋友等了解自己童年的人询问他们关于自己童年的喜怒哀惧，从过去的经验或回忆中总结自己的情绪。

● 记录整理情绪，增加对情绪的认知和觉察。

● 撰写个人心情日记或记录自己的情绪状态。

(二)正确表达情绪

以适当的方式和方法，正确表达自己的情绪，是维护情绪健康的根本要求。情绪的正确表达有三个要求：

● 适当的原因和对象，引发与之相适应的情绪反应。也就是说，当事人要明确产生情绪的原因和产生相应的情绪类型，而不是出现莫名其妙的、不明原因的情绪反应。

● 情绪反应与情境刺激相一致，即情绪反应强度要与刺激强度保持一致，反应过强或过弱都是不正常的。

● 情绪反应有一定的时间限度。情绪反应要随着环境和认知的变化而变化，如果环境和认知变化没有引起相应的情绪变化，则可能是非正常反应。

(三)了解负性情绪的形成原因

了解负性情绪的产生可以使大学生更好地调节自己的情绪。在现实生活中引起大学生负性情绪的原因很多，概括起来包括生理、遗传、认知、环境四大因素。

● 生理因素。身体发生病变，如中枢神经感染、缺氧、中毒等；人体生物节律的变化，如当情绪节律处于低潮时期，都会影响情绪。

● 遗传因素。遗传因素主要通过不同神经类型的形成对情绪发生影响。神经类型一般分为四大基本类型：不可遏制型，这种类型的人好斗、脾气暴躁、外向性格较为明显、精神负担重易冲动；活泼型，这种类型的人灵活、易兴奋，具有较强的自我调节能力；安静型，平静、冷静、忍耐力和自我调节能力较强，但是情绪不易转移，有时会表现出压抑；弱型，情绪压抑、情感脆弱、经不起挫折和打击，容易出现异常情绪。

● 认知原因。片面的认知方式和错误的观念是产生不良情绪的重要原因。正确的认知评价产生积极的情绪体验和行为反应，片面的认知则产生消极负面的情绪体验。

● 环境因素。环境对情绪的波动也有明显的作用，学校、社会、家庭等都是对大学生情绪发生影响的客观环境因素。如家庭的经济状况、家庭成员的关系及其变更等都会冲击大学生，导致情绪困扰产生。

(四)情绪的缓和与转换

当出现不良情绪时，学会缓和、转化自己过激或不稳定的情绪，是让自己走出情绪困扰、愉快生活的基本方法。缓和与转换的方法很多，较为常用的包括：

● 情绪宣泄法。通过各种方式将情绪表达和发泄出来，将郁积的负面心理能量释放出来，以促进身心平衡。

● 身心松弛法。如深度呼吸法、意象训练法等。

● 活动转移法。如听音乐、参加体育活动、看电影等。

● 寻求帮助。如向朋友、亲人、心理辅导员、心理医生等寻求帮助。通过这些帮助倾诉苦恼，寻找看问题的新视角、新思路，以便重新评价困境，寻找新的出路。

● 认知调整法。通过改变不合理认知来改变情绪。

二、培养健康情绪

(一)情绪健康的标准

情绪是否健康有三个标准：

● 情绪的目的性明确、表达方式恰当。情绪健康的人能够通过语言、仪表、行为准确地表达情绪，能够用被自我和社会接受的方式去表达和宣泄自己的情绪。

● 情绪反应适时、适度。情绪反应强度要与引起该情绪的情境相适应，过度反应或反应不足都是不健康的；情绪反应还要能够随着客观情境的变化而转移，当引起该情绪的原因消失后，情绪应该在较短的时间内恢复平静。但有的情绪则需要较长的时间才能恢复正常，如失恋引起的痛苦。

● 积极情绪多于消极情绪。情绪健康并不等于没有消极情绪或者否认消极情绪存在的合理性，但情绪健康者必须是积极情绪多于消极情绪，而且消极情绪出现的时间短、程度轻、对象明确。

(二)培养健康情绪的基本方法

1. 培养健全的人格

健全的人格是保持情绪健康的基础。人格健全者能够正确、全面地对人、对事，使自己愉快生活，也能让他人生活快乐。培养健全的人格可以从以下几方面入手。

● 培养自立意识。自立意识强的人，能够安排好自己的生活，对挫折、困难等能主动进行自我调节和控制，能够更积极地投身生活、学习之中，对事物有更积极的认识，人际关系和谐。对大学生来讲，培养自立意识是其重要发展任务。

● 培养自信心。只有自信的人才是快乐的，相信自己可以最大限度地发挥自己的聪明才智，蔑视困难。培养自信心的关键是肯定自身存在的价值，学会客观分析自己，既要看到自己的长处，又要清楚自己的短处。

● 保持自尊。缺乏自尊会使人产生自卑心理、自轻自贱、妄自菲薄、有孤独感，遇到困难、挫折容易消沉、悲观。自尊心能使人采取积极的生活态度，保持宽容豁达，这些都是情绪健康的基本要求。

2. 养成积极乐观的生活态度

一个情绪健康的人应该具有积极乐观的生活态度。乐观的人常常能够看到生活中光明的一面，对前途充满希望与信心。他们能够在积极进取中，体验快乐、享受生活、拥有幸福。下面介绍一些培养积极乐观的生活态度的简单方法。

● 善于在平常中发现和创造快乐。每个人的生活都包含喜怒哀惧等体验，情绪健康的人更善于从平常的生活中寻找快乐、发掘平凡琐事中的乐趣，善于用微笑迎接困难，积极参与生活、体验生活。

● 笑口常开。研究表明，人的情绪可以受行为的影响，整天板着脸，情绪也一定会处于低落状态，故养成微笑、步伐轻快、昂首挺胸等行为习惯会帮助我们改善情绪状态。

● 幽默风趣。幽默风趣是一种引发喜悦、愉快的行为方式和生活态度。持这种态度的人生活乐观，更善于从困境中寻求转机，在他人看不到的地方捕捉希望。

心灵故事

一家英国制鞋公司和一家美国制鞋公司各派一名推销员到太平洋某岛上去推销鞋子。岛上居民生活富裕，可居民都不穿鞋子。于是，两个推销员各自给老板发回电子邮件，英国推销员的内容是："太不走运了，这个岛上的人都不穿鞋子，我明天就搭头班飞机回来。"美国推销员的内容则是："太好了！这个岛上的人都还没有穿上鞋子，我打算长驻此岛！"结果美国公司的推销员在此岛上大获成功！

3. 调整认知

认知是人对外界情境作出反应的中介，对情绪产生有着决定性作用。在这个意义上，如果认知过程发生错误，就可能导致错误观念，继而产生不当的情绪和行为。因此，引起某种情绪体验的并不是事件本身，而是我们对这个事件的认识和想法。调整认知，客观合理地分析和评价引起情绪变化的主客观原因，是促使我们保持良好情绪的好方法。调整认知可以通过以下方法进行。

● 认知归类。即对生活中的不合理的认知进行归纳。研究发现，生活中常见的不合理认知主要有：非此即彼的思维方式、以偏概全、心理过滤、贬抑积极事物、仓促下结论、夸大其词、虚拟陈述等。

● 认知校正。针对不合理认知，找到反驳的证据和替代的正确认知，从而使不良认知得到校正。

● 换个角度看问题。事实上，很多事情，我们都可以从多个角度进行思考，换个角度或许就海阔天空了。

相关链接

情绪 ABC 理论

情绪 ABC 理论是由美国心理学家艾利斯创建的。A(activating event)代表的是诱发事件；B(belief)代表的是个体针对诱发事件产生的一些信念、想法，即对这件事的一些看法、解释；C(consequence)代表的是个体产生的情绪和行为的结果。

通常我们认为是事件引起了人的情绪和行为反应。但同样一件事，发生在不同的人身上，可能会引起不同的情绪体验。情绪 ABC 理论认为情绪不是由事件本身决定的，而是由个体对事情的看法决定的。诱发事件 A 只是引发情绪和行为后果 C 的间接原因，而引起情绪的直接原因是个体对诱发事件 A 的认知和评价而产生的信念 B。即人的消极情绪和行为障碍结果(C)，不是由于某一诱发事件(A)直接引发的，而是由于经受这一事件的个体对它不正确的认知和评价所产生的错误信念(B)所直接引起。

如图 3-6 中，面对同一件事(A)，不同的人对事件(A)的看法不同(B_1 和 B_2)，得到了不同结果(C_1 和 C_2)。

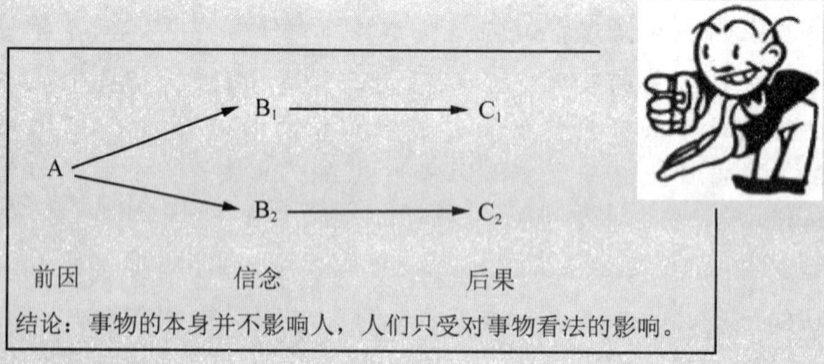

图 3-6 情绪 ABC 理论

思考与练习

1. 请你结合实际，谈谈情绪、情感对身心健康的作用。
2. 请你结合实际和情绪管理的方法，谈谈如何管理情绪。
3. 培养健康情绪的基本方法有哪些？

拓展训练

训练一：测一测，你的情绪稳定吗

1. 我有能力克服各种困难。

   A. 是的　B. 不一定　C. 不是的

2. 猛兽即使是关在铁笼里，我见了也会惴惴不安

   A. 是的　B. 不一定　C. 不是的

3. 如果我能到一个新环境，我要

   A. 把生活安排得和从前不一样　B. 不确定　C. 和从前相仿

4. 整个一生中，我一直觉得我能达到所预期的目标

   A. 是的　B. 不一定　C. 不是的

5. 我在小学时敬佩的老师，到现在仍然令我敬佩

A. 是的　　B. 不一定　　C. 不是的

6. 不知为什么，有些人总是回避或冷淡我

A. 是的　　B. 不一定　　C. 不是的

7. 我虽善意待人，却常常得不到好报

A. 是的　　B. 不一定　　C. 不是的

8. 在大街上，我常常避开我所不愿意打招呼的人

A. 极少如此　　B. 偶尔如此　　C. 有时如此

9. 当我聚精会神地欣赏音乐时，如果有人在旁高谈阔论

A. 我仍能专心听音乐　　B. 介于 A、C 之间　　C. 不能专心，并感到恼怒

10. 我无论到什么地方，都能清楚地辨别方向

A. 是的　　B. 不一定　　C. 不是的

11. 我热爱所学专业或所从事的工作

A. 是的　　B. 不一定　　C. 不是的

12. 生动的梦境经常干扰我的睡眠

A. 经常如此　　B. 偶尔如此　　C. 从不如此

13. 季节气候的变化一般不影响我的情绪

A. 是的　　B. 介于 A、C 之间　　C. 不是的

计分方法：

1、4、5、8、9、10、11、13 题选择 A 计 2 分，选择 B 计 1 分，选择 C 计 0 分；

2、3、6、7、12 题选择 A 计 0 分，选择 B 计 1 分，选择 C 计 2 分。

17～26 分：情绪稳定。

你的情绪稳定，性格成熟，能面对现实。通常能以沉着的态度应付现实中出现的各种问题，行为充满魅力，有勇气，有维护团结的精神。有时也可能由于不能彻底解决生活的一些难题而强颜欢笑。

13～16 分：情绪基本稳定。

你的情绪有变化，但不大，能沉着应付现实中出现的一般性问题。然而，在大事面前，有时会急躁不安，难免受环境的支配。

0～12 分：情绪激动。

你的情绪较易激动，容易产生烦恼，不容易应付生活中遇到的各种阻挠和挫折；容易受环境支配而心神动摇，难以面对现实；常常急躁不安，身心疲乏，甚至失眠等。要注意控制和调节自己的心境，使自己的情绪保持稳定。

训练二：用情结 ABC 理论管理自己的情绪

下表是一个情绪 ABC 理论的表格，请你尝试在你产生情绪和行为时，记录下来，并尝试用合理的想法来管理自己的情绪，做情绪的主人。

诱发事件 A(activating event)	信念 B(belief)	情绪的结果 C(consequence)	行为的结果 C(consequence)

训练三：和同学分享你调节和管理情绪的方法

学习反思

第四单元

有效沟通与人际交往

学习目标

1. 了解良好人际关系的重要意义以及大学生人际交往的类型。
2. 掌握人际交往的方法和艺术并能做到有效沟通。
3. 学会应对人际交往中的心理问题。

单元导入

张某，男，20 岁，某高职院校学生。性格内向，孤僻，不善言谈，不会处事，很少与人交往。与班上同学、宿舍同学关系紧张，导致与同学感情淡漠，隔阂加深。他为自己没有一个知心朋友而感到孤独和自卑，以致情绪烦躁，痛苦至极。长期的苦恼和焦虑使他患上了神经衰弱症，导致体质下降，学习效率降低，成绩急剧下降。他深感自己陷入病困交加的境地，失去了坚持学习的信心。他开始厌倦学习，厌恶同学和班级，不愿在学校学习和生活。于是，他不顾老师和家长的劝阻，坚持要求休学。

人际关系问题是大学生中最常见的问题，由于社会影响、家庭教育和自身素质的原因，很多大学生都存在着不同程度的人际关系不良和心理障碍问题，给他们的学习和生活带来较大的影响，制约着他们的健康成长和顺利成才。因此，提升人际交往能力是大学生的一门必修课。

第一课 大学生人际交往及其心理因素

进入大学校园，我们面临新的环境、新的人际关系。建立良好的人际关系是大学生必须面对的课题。

一、认识人际交往

(一)人际交往的定义及组成

人际交往又称人际关系，就是在社会生活中，人与人之间的意见沟通、信息交流与相互作用的过程。一般来说，人际交往的目的是满足人们某种心理需要。这种需要可以是知识和经验的分享，也可以是情感以及感受的分享和交流。这种需要转化为现实中的信息交流就变成了人际交往。在人际交往中，双方都必须有这种心理的沟通和融合才能达到和谐。同时，人际交往的关系好坏可以通过交往双方沟通的深浅、所建立关系的融合性及协调性等心理联系进行衡量。如果因某种原因导致一方产生焦虑和不安，就会增大彼此间的心理距离，使原来的亲密关系变成疏远关系，甚至有可能演变为对立关系。

人际交往的组成成分主要包括认知、情感、行为和动机等。

认知是人脑反映客观事物的特性与联系，并揭露事物对人的意义与作用的心理活动。它是人际关系的前提，是心理活动中最一般和最广泛的范畴，包括知觉、判断、信念、价值和态度等。

情感亦称感情，是人际关系的重要调节因素，直接反映交往双方在情感满足程度上的心理距离。人们正是根据自身情感体验不断调整人际关系的。

行为指与人际关系相联系的交往主体的活动，包括举止、语言、表情、动作等。行为是人际交往亲密程度的重要指标。

动机指促使有机体去寻找一个目的或满足一种需要的能量或指激励人去行动的主观原因，常以愿望、兴趣、理想等形式表现出来。人在自觉地实施具体行动之前，必然明确地意识到进行这一行动的原因和预期达到的目的。动机在人际关系中起到引发、指向和强化的作用。

(二)人际交往的重要意义

现代社会是合作与竞争并存的社会。随着大学生择业双向选择制度的形成和职业流动性的增大，社会对大学生的人际交往能力提出了更高的要求。应该说，人际交往能力的强弱已成为制约大学生顺利实现人生价值的基本条件之一。因此，培养良好的人际交往能力，掌握基本的社交技巧和规律，是大学生心理健康教育的重要内容。

1. 人际交往是社会存在和发展的需要

人际交往是构成人类社会最普遍、最直接的关系，人与人的交往以及由此形成的关系是社会存在和发展的前提。只有当人们通过交往结成互助合作的关系，生产才能进行，社会才能发展；只有人际关系协调、融洽，才会有社会的安定团结。我国战国时期的思想家荀子曾深刻指出："人，力不若牛，走不若马，而牛马为用，何也？曰：人能群，彼不能群也。"人没有野兽的爪牙之利，没有飞禽的翱翔之便，但是却能征服大自然成为大自然的主人，很重要的原因就是人与人之间能够建立各种关系，从而形成一个分工协作，相互依赖，配合默契，井然有序的强有力的群体——人类社会。因此，建立和谐的人际关系是人类社会得温饱、求生存、图发展的根本需要。

2. 人际交往有助于心理健康发展

心灵故事

张某，大学三年级学生，性格十分内向，胆小、害羞已经接近不正常，不敢与人多讲话，与人讲话时不敢直视对方眼睛，像做了亏心事一样，一说话脸就发烧，心怦怦直跳，肌肉绷得紧紧的。她不愿与班上的同学接触，觉得他人讨厌自己，所有人都在嘲笑自己。她最怕接触男生，只要与男生一见面就会不知所措。上课时，总觉得老师在盯着自己看，很紧张。常常因为紧张，对老师所讲的内容不知所云。与自己的亲戚、邻居说话也不自然。她极少去社交场所，很少与人接触，严重影响了她各方面的发展：学习成绩下降，交往失败，同学说她清高。眼看快毕业了，这样下去怎能适应社会？

上述故事中的张某得的是一种常见的心理障碍——社交恐惧症。它是由于在人际交往中遇到一些挫折从而引起心理发展过程中的异常现象。

心理学相关研究发现，如果一个人长期缺乏与他人的积极交往，缺乏稳定、良好的人际关系，那么这个人往往有明显的性格缺陷。在心理咨询的实践中，我们也注意到，大多数来访学生的心理危机与缺乏正常人际交往和良好人际关系相联系。例如，在大学宿舍生活中，一个宿舍内人际关系的好坏，往往会影响该宿舍大学生对自身人际关系的认知。如果宿舍关系亲密、融洽、互动良好，大学生会倾向于乐于助人、喜欢交流和学业的良性发展；如果宿舍关系冷淡、隔阂、猜忌、互动少，则学生显示出压抑、自闭、过分敏感和自我防卫等特点。

国内外的心理学家从不同方面所进行的研究表明：健康的个性总是与健康的人际交往相伴随的。心理健康水平越高，与他人的交往就越积极，越符合社会的期望，与他人所建立的关系也越深刻。人际关系良好的人，对其他事务的处理能力相对人际关系紧张的人更强，较容易从自身的活动中获得自我满足。

3. 人际交往能促进个性发展

人是生物属性与社会属性的统一。单纯具有生物属性的“狼孩”“豹孩”等“兽孩”由于在生长关键期脱离人类社会，失去成长环境中必要的人际交往，即使重返人类社会也无法获得作为人的社会属性。

交往是个人人格健全和个性发展的必经之路。单独的个体只有通过交往才能获得在群体生存中必需的知识、技能、社会文化，从而满足自身的生存需要、安全需要、社交需要、尊重需要和自我实现的需要。

> **小贴士**
>
> 心理学家认为，在压力之下，人容易出现心理问题。有调查显示，人际交往障碍是大学生中较为普遍的心理问题，约有59%的心理问题是由人际交往障碍导致的。

交往是人精神生活的重要组成部分，在交往中人们可以述说自己的喜怒哀乐，表达思想情感，可以增进友谊、加深理解和取得同情，从而在心理上获得认同感和安全感。人们在彼此的交往中，在认识他人的同时，又进一步认识了自己，从与他人的对比中，看到自身的弱点和不足，从而产生完善自我的巨大动力。

4. 人际交往有助于自我价值的实现

英国文学家萧伯纳说：你是我的朋友，各拿一个苹果，彼此交换，交换后各自仍然有一个苹果；倘若你有一种思想，我也有一种思想，而朋友之间相互交换思想，那我们每个人都有两种思想了。可见，信息交流常常是相互的。现代社会竞争激烈，大学生的学习不仅体现在校园内的课堂学习，还体现在能否充分运用有限的资源去获取与个人发展相匹配的社会能力。个体的求知能力是有限的，单凭书本上的知识也难以适应社会多方面的要求。因此，积极有效的人际交往显得更为重要。大学生应学会与不同学科、不同阶层的人士交流，在不断的交流中获取知识和综合能力，从而为进入社会、实现自我价值打下坚实基础。

互动平台

无家可归

具体操作：1. 由十名站立的同学并手拉手围成一圈。

2. 老师说出一个数字，同学们必须马上围成相应人数的圈。

3. 没有进入圈的同学谈体会。

指导建议：通过这个活动让同学们感受团队的力量，体会人际交往的重要性。

（三）人际交往的特点

从人际交往的定义可以看出，人际交往有如下特点。

> **小贴士**
>
> 卡内基是美国的钢铁大王，在他成为亿万富翁时，也造就了成百上千个百万富翁。作为钢铁大王的卡内基对钢铁行业全然不懂，但他雇用了千百个钢铁专家为他工作。当谈及成功的秘诀时，这位钢铁大王说，在他成功的因素中，个人条件占15%，机遇占20%，交往能力占65%。

1. 人际交往以交往双方的心理需求为基础

唯物辩证观强调：内因是事物变化的根本，外因是事物变化的重要条件，外因通过内因起作用。交往是人类的内在需要。人们需要交往，需要人际温暖如同生物体需要空气、阳光和水分一样。这种交往与集群的需要在人的需要结构中占有十分重要的地位。心理学相关实验发现，如果阻断同一切人交往的可能性，人就会产生孤独和恐惧，感到似乎被这个世界所遗弃，非常痛苦。在交往过程中，交往双方渴望理解、情感支持的需要如果得到一定程度的满足，将会随着满足度的提升而产生高兴、悦纳、愿意亲近等情绪反应，从而缩短人际距离；反之，因不能满足内在的心理需要，则产生厌恶、憎恨、拒绝接纳等情绪反应，推远人际距离。

2. 人际交往的深度以自我暴露为标志

经常有同学说："我们之所以能成为好朋友，是因为我非常了解他/她。"自我暴露就是我们常说的"敞开心扉"，即把有关自我的信息、自己内心的思想和情感暴露给对方。我们愿意接纳自己了解的人，包括对其出生背景、成长环境、性格及处世原则等方面的熟悉。一般来说，随着双方交往的深入，我们对彼此的接纳感和信任程度会越来越强，也就越容易自我暴露，同时会希望对方能够和自己一样进行更深入的自我暴露。了解自己的自我暴露程度，可以明白自己和对方交往的程度。

特别要注意的是，自我暴露时应该注意分寸和场合。一般来说，自我暴露的程度和范围是随着交往的深入逐渐进行的。在交往的不同阶段，对不同的交往对象，自我暴露的方面及程度应该是区别较大的。对不适当的人或在不适当的场合进行自我暴露，会被认为是社会化良好性欠缺。

3. 人际交往以感情沟通为重点

心理学研究表明，人与人之间在空间上距离的接近，是促进人际吸引的重要因素。当人与人之间空间位置上越接近，彼此交往的频率越高，也就越有助于相互了解、沟通情感。即使这两个人之间的人际关系一度比较紧张，但通过交往的持续，也有可能逐步消除猜疑、误会。反之，即使两个人曾经有较好的关系，在长期未发生交往的情况下，随着彼此了解的减少，对对方近况和转变的不及时关注，他们的关系也可能随时间的推移而日渐淡薄。

随着现代科学技术的发展，我们已经能使用各种先进手段，如手机、互联网等与身在各地的朋友、亲人取得联系，进行沟通。不管是当面交流，还是非当面沟通，人际交往的重点与感情沟通关系密切。建立一段友情，进行一次商业联系，日常的寒暄等，都有助于我们拉近与对方的情感距离。

在实践中，我们往往发现那些只关注事件处理情况，而对人际交往对象不甚了解和关注的人，他们处理事情即使可以比较顺利，但由于缺乏基本的人际沟通能力和必要的对人本身的重视，从而使这些人难以有效扩大自身的交际网络，进而有可能丧失个体进一步发展的机遇。例如，有的同学因工作能力突出加入了学生会，却因为无法处理好与本部门同学之间的关系，不得不中途退出。究其原因在于一味埋头做事，不懂得互相协助、彼此学习，简单地认为做事就是做事，这样缺乏感情因素的人际沟通自然会产生令人遗憾的结果。

温馨提示

世界上最远的距离是心与心的距离，最近的距离也是心与心的距离，做到沟通“五到”就能缩短心与心的距离。

沟通要“脑到”：说话要三思，说该说的话，说话不要伤人。

沟通要“眼到”：与人交流时要专注、诚恳地看着对方，体现一种尊重。

沟通要“耳到”：别人说话不打岔，学会认真聆听。

沟通要“口到”：常说善意的、赞美的和鼓励的话。

沟通要“心到”：要将心比心，多想想他人的感受。

4. 人际关系是社会关系的重要组成部分

人的社会关系可以分为两类：一类是社会的生产关系，以及在此基础上形成的经济、政治和文化关系；另一类是人与人之间的心理关系，也就是人际关系。社会关系往往是不以人的意志为转移而客观存在的。但人际关系则不同，如老师与学生之间以身份、地位为基础而形成的教育与被教育的关系，就是当然的社会关系，而老师与学生之间以爱好和情感为基础形成的私人关系、朋友关系就是人际关系。

人是社会性的动物，单独的个体无法脱离现代社会独立存活。身处社会就必然会与我们身边的各种人群发生千丝万缕的联系。随着个人发展阶段的变化，各种社会关系的重要性也在不断变化。在学校求学时，我们的社会关系以校园、家庭为主，与老师、同学的良好沟通，与父母亲友的正常相处，是这一阶段人际关系的重点；进入社会后，人与人之间的关系更多体现在工作交往和家庭建设中，如何利用现有各种社会资源更好地实现自身价值，成为这个阶段中人际关系的重要话题。因此，不管客观物质基础如何改变，都需要我们每个人清楚地认识到人际关系的重要性，从而不断修正与他人交往的心理定位、态度和模式，达到融洽生活的目标。

互动平台

取舍练习

目的：产生深切的感受和体验，学会珍惜

具体操作：将成员分成小组，每组5人。请成员写下自己生命里最重要的5个人，包括自己，然后一一舍去。体会取舍过程中的感受。每次取舍都要说明原因。完成后，团体交流感受。

二、大学生的人际关系

(一)大学生人际交往的常见类型

1. 大学校园中的师生关系

老师和学生，是大学校园里的两大基本群体。老师是学生人际交往的重要对象，师生关系是学生人际关系的重要内容。师生关系如何，直接影响到学生能否在学校环境内健康地学习、成长，并在很大程度上决定了学校能不能对学生的身心施加符合社会要求的影响。

我国有着尊师重教的传统美德，不论社会如何发展变化，尊重师长的美德都是学生中的主流思潮。老师是知识的传授者，不管是专业课老师，还是班主任或辅导员老师，都以其自身人格和品质潜移默化地影响着大学生人格的发展。老师和学生间的平等交往是师生共同成长的前提，与老师的交流成为大学生获取信息和资讯的重要通道。

近年来，大学校园内的老师组成结构有年轻化的趋势，甚至有的老师与学生年龄相差无几。年纪的相近有利于师生间的互动沟通，使学生更愿意向“兄长”“姐姐”倾吐生活、学习中的困惑并寻求帮助。

然而，大学授课的流动性和课堂的拓展，使师生之间直接的沟通和有效的情感交流较中学时期少。相比大学生旺盛的倾诉需求，师生间的信息流通和交换明显不足。因此，大学校园中的师生关系需要进一步加强。

2. 大学校园中的同学关系

同学是大学生人际交往的主要对象，同学关系是大学生人际交往的基本关系。大学校园里的同学关系总体是和谐、友好的，同学之间的关系有向亲情化、家庭化发展的趋势，即大学生倾向于在日常生活、学习中创造一种如同亲属一般和谐稳固的同学关系。这种倾向主要通过如下途径表现。

(1)宿舍排序。不少大学生宿舍都按年龄大小进行排序，如果是女生宿舍，多用“大姐”“二姐”“老幺”等亲密称谓互相称呼；如果是男生，则换成“老大”“二哥”等称呼。同宿舍学生彼此之间相处如同有血缘关系的兄弟姐妹一样，往往有意识地培养亲近互助的关系，甚至将这种称呼和互助关系延续到毕业参加工作之后。

(2)友情培养。在大学校园里，大部分学生容易对空间距离接近的人产生好感并愿意亲近，像同宿舍、同班、同专业的人，乃至于军训时同一个连队共同相处过的人。他们之间一对一、一对几或几对几的小范围友情，随着共同出行、上课、逛街不断加深。这种有选择性的人际关系即使出现一些不协调，双方也会尽力维持和弥补，希望较好地挽回这段情谊。一旦这种亲密关系中止，关系双方往往会受到伤害，并感到痛苦。

(3)圈内交流。大学生是接受新鲜事物较快的群体。这一群体的年轻性、行动力和创造性，使大学校园成为社会流行词汇的发源地之一。他们常用的如“死党”“摆酷”等词汇，如果不加以解释，社会上很多人难以理解其真正的含义。而校园内几乎所有学生都知道这些词汇的含义。同时，有一些词汇仅流传在某个特定“圈子”内部，如在某个班、某个学生社团内产生。一经提起，该“圈子”内的学生都心知肚明，而“圈外”其他学生则无法听懂其内在的含义。这种带有标志性的语言，容易让“圈内”大学生之间亲密感增强，彼此的心理距离拉近。

3. 大学校园中的交际网

大学生与同学之间的交往是校园中最普遍、最微妙的关系，一方面大学生年龄相仿、经历相同、兴趣爱好相近，又共同生活在一个校园和集体内，接触时间最多；另一方面大学生来自天南海北，有着不同的成长背景和家庭环境，生活习惯和个性差异明显，生活距离小、交往密度高、个人独处空间相对较少，难免会产生摩擦。目前，在校大学生多是 20 世纪 90 年代出生的独生子女，在上大学前很多都没有住校经历，尚未形成宿舍内与人相处的模式。因此，他们一旦发生摩擦，对交往的理想化期望得不到满足，就容易发生退缩、回避等消极现象。根据交往的性质可将大学校园的主要交际网划分为如下几种。

(1)社团交际网。大学校园里号称“百团大战”的学生社会团体，带着青年人特有的澎湃激情，有的依托院系设立，有的纯属依兴趣自发组建，范围涵盖实践、理论、文艺、体育，涉及文学、历史、天文、地理、音乐、美术等各个方面。铺天盖地的社团招新宣传，使大学新生在迈入校园第一步时就开始眼花缭乱。如何加入最适合自己的社团，结交朋友、增进友谊，是需要每一个大学生认真把握和抉择的问题。

(2)学习考试网。学习是大学校园里永恒的话题。身处日益市场化的大学校园，越来越多的大学生感到激烈竞争的冲击，产生在校时间尽可能多充电的紧迫感。近年来，除了国家计算机等级考试、大学英语等级考试外，学生还积极投身各种职业资格考试和出国留学考试中，如会计从业资格证、普通话等级证、GRE(美国研究生入学考试)、雅思(国际英语测试系统)等考试。有共同考试目标的学生往往通过上自习、考前辅导班等途径自发形成团体，在团体中分享学习经验、应试技巧和考试信息，共同营造迎考的良好氛围。

(3)同乡会。著名社会学家费孝通先生曾在其作品《乡土中国》说：社会生活愈发达，人和人之间往来也愈繁重，根据出生地划分亲疏程度的地缘关系成为契约社会的基础。大学校园里的地缘关系主要以同乡会的形式表现出来。同乡会的特点是由来自同一地缘区域的学生组成，以老乡感情维系，大的以地区、省市为界，如东三省、闽南地区等，小的以县、区为界限，如细分成四川省南充市同乡会、绵阳市同乡会等。对异地求学的大学生而言，生长地域相近带来了共同谈论的话题，使用语言相似使沟通障碍减少，互相之间容易接纳并产生亲近感。同乡会的活动时段相对集中，一般集中在秋季新生入学(九、十月)和夏季毕业生离校(五、六月)期间。

4. 网络人际交往

自20世纪90年代以来，互联网技术在全球范围内迅速普及。尤其是青少年网民数量的剧增带来的网络人际交往模式，深刻影响着在校大学生的生活方式和价值观念。

OICQ(网络寻呼)、BBS(电子公告板)、微博、微信……凭借一个两分钟就能完成的网上注册号，就可以在这片虚拟空间里高谈阔论或扮演现实生活中无法扮演的角色，抒发现实生活中不能宣泄的情感，甚至可以接触到来自天南海北乃至全世界各个地区的网上朋友，接触到现实生活中难以接触到的各种亚文化资料。这种在虚拟空间内获得的信息满足感和掌控感，使如何正确适应虚拟空间内建立的新型人际交往方式，成为大多数大学生必须面对的问题。

(二)大学生人际交往的基本特点

1. 交往的迫切性

大学生普遍处于青春后期向成年期的过渡期，随着生理和心理的渐趋成熟，思想活跃、精力充沛、兴趣广泛、好奇心强，进入大学后学习及生活环境的改变使他们迫切需要结识新朋友和适应新环境，有着极为强烈的人际交往需要。同时，自主择业也使他们迫切想与人沟通，多方面获得信息，试图尽快建立新环境中的人际关系脉络，因此，会采用如请客、聚餐、联谊等各种方式进行沟通。尤其是新生进校和老生毕业的时段，聚餐等方式就更为频繁和常见。

2. 交往的开放性

在中学阶段，受我国现存教育体制的影响，学生们更多的精力投注在如何应对考试和升学的压力上，在人际交往上相对单一；进入大学后，随着学习模式的转变，他们迫切需要拓展自己的交际圈，吸收新知识，融入社会发展的前沿，因此，大学生的交往随着社会生产和经济生活的变化，表现出前所未有的开放性：他们的交往对象不仅仅满足于单纯的同学关系，还希望能拓展其他各方面的资源，与不同阶层、背景、社会行业的人建立联系，以获取更多领域的发展信息。

大学生的交际范围超越了原来的同学、邻居、亲戚、成长伙伴、同宿舍人员等，超越了家庭、年级、专业、系别、学校，延伸到不同年级、不同专业、不同地区和学校，乃至越过国界进行信息交流和往来。

3. 交往的现实性

在人际交往中，身份、职业、金钱、容貌、家境等交往主体的社会特征和社会地位，往往对个体交往有深远的影响。现实社会诸多人伦关系也对个体的行为或多或少起着约束作用。因此，我们的人际交往必然烙印着所处社会背景、经济技术发展水平、个体独特经历的痕迹，我们会不自觉地受他人外表的吸引，也会因为对方高于自己的社会地位采取符合文化要求的交往低姿态，还会由于社会刻板印象而有所偏见。比如，当看到一位衣着得体、谈吐不凡的学生，如果我们得知他来自农村，大部分人会不自觉地想到："看来是付出了很多的努力才达到这样的境界。"而如果这个学生来自城市，不管城市的大小和富裕与否，大部分人的印象又会不同，转而认为："看吧，来自城市的人就是不一样。"实际上，在这两种针对同一对象产生的不同评论背后，是我们所处的文化对思维的潜移默化的影响。因此，在人际交往中我们要有意识地认识到自身存在的上述心理偏见，要辩证地、发展地、全面地、历史地了解一个人，提高对人、对事认识的广度和深度，从而提高交往的水平。

三、影响大学生人际关系的心理因素

(一)认知因素

人作为社会的动物，也在社会生活中产生对自己、对他人以及对种种意义关系的认知。这种认知有时是符合实际情况的，有时则会出现偏差。偏差的认知将对人际交往产生影响。认知的偏差主要分为自我认知偏差和对他人的认知偏差两种。

1. 自我认知偏差

即对自己认知的偏差。这种偏差一方面是孤芳自赏型地过高评价自己，过分相信自己的聪明导致恃才傲物，对某些方面不如自己者轻蔑诋毁，以己之长量人之短，或者对他人的喜好漠然视之，不屑与之交流。这样对待他人，久而久之就会陷入孤立的境地，无法和他人建立深入的人际关系。另一方面是自我贬低，认识不到自我的价值，看他人眼色行事，压抑自己的真实情感，刻意讨好他人，觉得自己处处不如他人。其实这是自卑心理在作怪，无自信就轻视自己，则导致行为畏缩、动作迟缓，脱离人群。

2. 对他人的认知偏差

主要集中在首因效应、晕轮效应和刻板印象这几种常见的认知偏差上。

首因效应是指对他人或自己给他人的第一印象在人际交往中带来的心理效应。社会心理学相关研究表明，人们对陌生人间接触的初次印象更深刻、更容易引起重视，而往往容易忽略后续交往获得的信息。好的第一印象会对以后的信息起到掩饰作用，引导人们对交往对象产生正向优先的效应，如认为该人样样都好，性格大方、为人和气，于是愿意亲近这个人；相反，不良的第一印象会让人们在以后的交往中更多关注他人的缺陷和不足，甚至将优点也作为缺点，产生负向优先效应。如面试中衣冠不整的人，人们往往认为他不懂得社交礼仪、做事懒散，即使简历表明这个人能力非常突出也很难改变考官的看法，大多因此丢掉了心仪的工作。

晕轮效应又称"光环效应"，指人们对人的认知和判断往往只从局部出发，扩展而得出对这个人的整体印象，对一个人进行评价时，往往会因对他的某一品质特征的强烈、清晰的感知，而掩盖了其他方面的品质。即如果一个人具有某种突出的好品质，他就会被一种积极肯定的光环笼罩，并被赋予一切都好的品质；一个人具有某个较明显的坏品质，他就被一种消极否定的光环所笼罩，并据此被认为具有各种坏品质。这就像刮风下雨前夜出现在月亮周围的月晕，将月亮笼罩在光环中显得模糊不清一样。晕轮效应实际上是以点概面，泛化了交往对象的特征。典型的晕轮效应有恋爱中容易出现的“情人眼里出西施”。

刻板印象指的是人们对某一类人或事物产生的比较固定、概括而笼统的看法。是我们在认识他人时经常出现的一种相当普遍的现象。如常常听到的“北方人豪爽，南方人自私小气”等。物以类聚，人以群分。居住在同一个地区，生活在同一种文化里，属于同一个种族的人的确会有某种程度的相似性，如这种效应与认知对象的本质特征一致，则可以缩短认知过程和时间。但刻板印象仅是一种笼统而概括的看法，每一个活生生的个体都有其独特性，如果不相信自己的切身经验，一味将刻板印象作为为人处世的金科玉律，就会导致认知形成成见，妨碍人际交往的正常进行。

(二)情感因素

在人们感知事物时，不论是对来自躯体内部的感觉，还是对外部世界的感知，必然会伴随相应的态度变化和外部表现。它是人类对客观事物的主观态度。情感的表现伴随着每个人立场的转变、观念的更新和生活经历的不同而有所区别。在人际关系中，一个人想要他人喜欢自己，就应该先拥有对周围的人、事、物的正向看法。如果我们不但愿意与他人交往，而且在与之交往时，表现出高度的兴趣、参与、认同和支持等正向态度，从而传达出温暖接纳的感觉，他人也就会乐于与我们接近。同时，如果我们对某些事物持欢迎和接纳的态度，我们在接触这些事物的过程中也更容易体验到喜爱、快乐等正面情绪；反之，则容易体会到被拒绝、厌恶和悲伤等负面情绪。

(三)人格因素

人格是指一个人在社会化过程中形成和发展的思想、情感及行为的整合模式。它包括了个人所独有的、区别于其他个体的、稳定而统一的各种特点及特质。在心理学中也经常运用“个性”一词来表达人格的概念。

真诚是人格因素中影响人际关系最重要的一个因素。经常有大学生在抱怨他人如何不懂得尊重自己，如何不给自己留面子，其实反观我们自身的行为是否在各种活动中能对他人保持尊重的态度呢？希望他人如何对待自己，我们就要先用这样的态度对待他人，而不是一味等待。工于心计的人或许可能一时成功，占了便宜，但最终结果是失去朋友的信任。唯有真诚待人方能拥有长久的友谊。

除了真诚的人格因素外，具有温暖、令人愉快的人格特质的人，容易获得人们的喜欢。与这样的人在一起，会让人觉得前途充满了希望、光明；与一个悲观、消极的人在一起，任何时候都会觉得没有指望进而产生焦虑，让与他在一起的人心情变得沉重，自然就比较少有人会愿意与他做朋友了。人们倾向于与一个诚实正派、阳光积极的人结交，而不愿意与一个口是心非、搬弄是非、悲观厌世的人长期交往。因此，培养积极令人愉快的人格特质，也是增进人际关系的要点之一。良好的人格更有利于建立和谐的人际关系，不良的人格则会影响正常交往。

(四)能力因素

能力是顺利完成某一活动所必需的心理条件。能力直接影响活动效率，并使活动顺利完成，它总是与人完成一定的活动相联系。能力分为一般能力和特殊能力。一般能力指观察力、记忆力、思维力和想象力等；特殊能力是人们从事特殊职业或专业需要的能力。人们从事任何一项专业性的活动都需要一般能力和特殊能力的相互配合。

通常，人们喜欢思维敏捷、反应迅速的人。从社会交换的观点来看，一个人拥有越多的能力，表示他具有越多的资本来与人交换，也就在交往时让对方觉得比较有利于自身发展，当然能够受到他人的欢迎了。因此，大学生应尽量发掘自身潜能，培养多方面能力，增强人际交往吸引力。

第二课　有效沟通与人际交往

良好的人际关系是大学生心理正常发展、人格健康的重要条件，是衡量大学生心理健康水平和社会适应能力的重要指标。那么，我们怎样才能有效地进行人际沟通呢？

一、有效沟通

(一)有效沟通的含义

狭义的沟通是指不同个体间信息的有效传递与接受，包括语言沟通与非语言沟通。有效沟通即互动，也就是我们所作出的沟通努力，在交往对象那里产生了共鸣，并得到了正面反馈。在这个层次上的沟通，融合了对人最基本心理需求的体察和人性化的运用，使沟通变成一种享受。要想成为受欢迎的人，就要尽量满足对方的合理需要。对这一点不了解，就没有办法与交往对象进行有效的沟通。大学生要学会与他人共处，并且要善于与不同的人进行沟通，才能在社会中通过合作更好地发展自己。我们经常听到的“经过互相讨论，我想在这个问题上我们已经达成了共识”等语言就属于这种类型。

(二)有效沟通的方法

心理学相关研究显示，一个人的成功，除了依靠专业能力外，很大程度上需要借助观察力和人际关系。为了提升大学生的个人竞争力以获得成功，就必须学会运用有效的沟通方式和技巧，掌握基本的社交规则。只有这样才能在学习、生活乃至今后的工作中游刃有余。

1. 善于倾听和询问

经常有大学生感慨自己说了很多话，结果却无法获得他人的悦纳，对方虽然很礼貌地没有离开，但总是心不在焉地草草应付，双方很难建立更深入的关系。其实，这种滔滔不绝讲话的习惯是不少大学生在人际交往中容易犯的毛病。倾听和询问是交往中很重要的能力，前者用来控制自己，让自己不要为了急于表达或试图打破初次见面的僵局而不顾对方的感受，后者则是用以了解对方的立场和真实想法，澄清谈话内容。当我们善于运用积极倾听的方式，使对方发表意见，清楚对方的需求、愿望和感受时，通常能使对方产生继续交流的兴趣，进而对自己形成好感。具有良好人际关系的人，通常在积极倾听和善于询问方面有着独到之处。

2. 积极回应

很多时候我们会因为交谈中的心不在焉而导致与他人的距离疏远。当我们用"哦，知道了""啊？你刚才说什么再重复一遍""等下打过来，我忙得很"这样的语言回应对方时，不管对方的身份、地位和心情如何，总会使交流陷入困境。我们可以说出自己的全部意见，以表示正在倾听他人的说话，并换用这样的话语，如"你关心的某某事办得怎么样了啊""抱歉刚才有点忙，这件事下午上班后我们继续处理可以吗""我了解你现在的心情，我也为你感到难过"。把握好每一次交流的机会，方能为我们的人际关系打好基础。

3. 自信的态度

有自信的人常常是最会与自己、与他人沟通的人。他们在生活的各方面都相当顺利，往往具有独特的思想和作风，不随波逐流或唯人马首是瞻，对他人克制礼貌，对自己了解甚深，平和近人，肯定自己、悦纳自己。因此，拥有自信的态度，会让我们在人际交往中更为从容不迫。

4. 有效地表达自己的感受

日益现代化的世界让沟通成为一种复合型的文化，不管是东方的含蓄还是西方的直接，当对方云山雾罩不明白你所表达的含义时，这样的沟通并非有效沟通。因此，我们要学会有效表达自己的感受，如"我觉得""我希望"为谈话的开端，说出自己的感受、要求或期望。若能有效地直接告诉我们所想要表达的对象，将会有效帮助我们建立良好的人际网络。但要切记这样的直接表达应该在恰当的时间、恰当的气氛和恰当的对象面前进行，学会适时说话，说适当的话，说适量的话。

5. 体谅他人的行为

体谅是设身处地为他人着想，体会对方的感受和需要，包含"体谅对方"和"自我表达"两部分。体谅是发自内心的理解，实际上也是自我心理的解脱和排遣，体谅了他人，等于改善了自我的心境。当我们想表达对他人的关心时，唯有先换位思考为他人着想，才能使这份体谅得到他人发自内心的微笑。我们做到了了解和尊重，对方也会理解你的好意和立场，从而作出积极而恰当的回应。

心灵故事

一位16岁的少年去拜访一位年长的智者。少年问："我如何才能变成一个自己愉快、也能够给别人愉快的人呢？"

智者望着他说："我送给你四句话。第一句话：把自己当成别人。你能说说这句话的含义吗？"

少年回答说："是不是说，在我感到痛苦忧伤的时候，就把自己当成是别人，这样痛苦就自然减轻了；当我欣喜若狂之时，把自己当成别人，那些狂喜也会变得平和中正一些？"

智者微微点头！接着说第二句话："把别人当成自己。"

少年沉思了一会儿，说："这样就可以真正同情别人的不幸，理解别人的需求，并且在别人需要的时候，给予恰当的帮助？"

智者两眼发光，继续说道："第三句话：把别人当成别人。"

少年说："这句话的意思是不是说，要充分地尊重每个人的独立性，在任何情形下都不可侵犯他人的核心领地？"智者哈哈大笑："很好，很好。孺子可教也！第四句话：把自己当成自己。这句话理解起来太难了，留着你以后慢慢品味吧。"

想一想

这四句话我们能体会多少？又能做到多少？

少年说："这句话的含义，我是一时体会不出。但这四句话之间就有许多自相矛盾之处，我用什么方法才能把它们统一起来呢？"

智者说："很简单，用一生的时间和精力。"少年沉默了很久，然后叩首告别。

后来少年变成了壮年人，又变成了老人。再后来在他离开这个世界很久以后，人们都还时时提到他的名字。人们都说他是一位智者！因为他是一个快乐的人，而且也给每一个见到过他的人带来了快乐。

（三）有效沟通与人际交往的关系

人际交往是架设人与人之间心灵桥梁的艺术，用以解决实际生活中遇到的问题。沟通作为人际交往艺术的承载方式，分为有效沟通和无效沟通两类。并非所有的沟通都是有效的。有效沟通是人际交往的目的。我们需要做的是尽自己最大

精彩语录

"把自己当成别人"是"无我"。

"把别人当成自己"是"慈悲"。

"把别人当成别人"是"智慧"。

"把自己当成自己"可能是前三者圆满之后才能体会与实现吧！所以需要用这辈子去经历。

努力延长有效沟通的时间，提升有效沟通的效率。因此，我们应在交往中明确交往的目的、理解交往对象的处境和立场，调整交往心态和方式，经过不断的实践锻炼，找到最适合自己的有效沟通模式，以适应人际交往的需求。

二、大学生人际交往的艺术

缺乏人际交往技巧是很多大学生人际关系障碍的直接原因。从小到大，我们都在与不同人打交道的过程中学习人际交往的技巧。然而，往往使大学生感到困惑的也是因缺乏人际交往技巧而导致人际交往无法顺利进行。

生活中存在人际交往障碍的大学生，往往经常关注各种报纸杂志上刊登的相关文章、测试，甚至对相关内容进行详细的摘录。因此，完全缺乏交往知识的人并不多，问题在于难以将知识与实践相结合，形成真实的交往能力。这些大学生在遇到现实交往问题时，习惯性地加以回避，他们或许有丰富的理论知识，却没有用知识去指导行动的勇气。因此，我们要勇于投身现实中的各种人际活动，去体验成功交往的愉悦，形成有效沟通的良性循环，并注重借鉴、吸收周围人士的交往技能，有意识地加以模仿及灵活运用。大学生人际交往技巧的培养可从以下几方面入手。

(一)保持良好的人际交往态度

人际交往是互动的过程，我们每时每刻都觉察着对方的态度，随时通过语言或非语言表达对他人的某种态度。谦虚诚恳的态度在让对方感觉到自己诚意的同时，也充分表达出自身的良好修养。对人和蔼、亲切、热情、真诚、坦荡，会使人产生安全感并缩短心理距离，愿意亲近；相反，则会让人疏远和排斥。第一次见面时开朗的微笑往往最能拉近陌生人间的距离。同时，想要赢取他人的友谊，自己首先要主动向对方发出友好信息，接纳对方、喜爱对方，不要退缩自闭，放弃人际资源。

(二)主动参与实践，改进交往技巧

良好的人际关系是在长期交往中不断发展形成的。从进入校园的第一天起，大学生就应有意识地参加实践，培养自己的社交能力，不断改进社交技巧。

经常有大学生徘徊在各种竞赛之外，既渴望登台展现风采的是自己，又被自身思维局限，认为自己不具备竞争的条件，于是对台上的同学又羡慕又加以贬低。这实际上是酸葡萄心理，其深层原因则是不自信，缺乏改进的动力和勇气。交往场合越多，参与者获得的锻炼机会也就越多。反之，则获得的锻炼机会越少。我们常常看到“马太效应”在校园中有鲜明的表现。“马太效应”是指任何个体、群体或地区，一旦在某一个方面(如金钱、名誉、地位等)获得成功和进步，就会产生一种积累优势，就会有更多的机会取得更大的成功和进步。校园中的“马太效应”即是一部分同学积极参与互动，得到最多的锻炼和各种奖项，而不参与活动的也始终是一部分学生，他们越不参与活动越缺乏实践能力，交际范围也越狭小。

(三)善于运用语言和非语言艺术

大学校园最显著的特征之一是要求大学生从中学阶段的以学习知识为主，转变为以学会做人为主。原来甚少受到学生重视的应变能力、组织协调能力、写作能力

和语言表达能力，迅速受到重视。这些要求迫使大学生要“自谋出路”，尽快增强相关能力。

实践表明，如何用清楚简练的语言流利表达自己的思想和观点，是很多大学生缺乏的基础能力。因此，锻炼语言交流能力，训练人际交往的敏感性，重视他人并记住他人的姓名，是大学生在人际交往中的重要任务。善于运用语言艺术，做到言之有物、谈吐自如，就能吸引对方产生继续交往的兴趣。

同时，我们也要善于运用非语言艺术。非语言艺术包括眼神、手势、姿态、面部表情和肢体动作等。眼睛是心灵的窗户，在与对方谈话时礼貌地接触对方的视线，会让他感觉到受尊重和受重视；手势可以起到加强谈话内容、活跃谈话氛围的作用；面部表情可以将内在情绪表达出来，丰富的面部表情将给予我们生动活泼的心理感受，易于沟通。试想一个谈话时老板着脸不拘言笑的人坐在我们身边，其效果肯定比不上一位笑容柔和、善于运用非语言艺术的人的谈话效果。交往中，非语言艺术起到的一个重要作用是可以巧妙地表达所思所想。大学生根据谈话内容和场合，针对不同对象正确运用非语言艺术，往往能起到“此时无声胜有声”的作用。不过非语言艺术的运用要适当和适量，过多运用可能会给人留下不稳重的印象。

相关链接

人际交往七定律

1. 诚信定律。人无信则不立。
2. 赞美定律。人人都渴望得到赞美。
3. 面子定律。给人面子就是给己面子。
4. 婉转定律。善意的谎言往往都是美丽的。
5. 忍让定律。忍让会使人际关系变得更和谐。
6. 刺猬定律。给彼此一个自由的空间会更舒适。
7. 共赢定律。双方都成功才是真的成功。

第三课　大学生人际交往中常见的心理问题

处理好自己面对的各种人际关系，是每个大学生良好的愿望，但在实际的人际交往中，很多同学都面临着各种心理困惑，对大学生的学习、生活和心理健康发展都会产生负面影响，那么，大学生人际交往中存在哪些具体问题呢？

一、自负心理及其调适

心灵故事

张某是一名非常优秀的学生，不仅人长得漂亮，而且能歌善舞，学习成绩优异，是一个全面发展的学生。学校领导和老师都很喜欢她，班主任老师更是视其为心腹骨干，一直都很重用她，凡事都让她管。可渐渐地，她越来越自命不凡，与同学之间的矛盾也越来越大，看不起其他同学，总觉得只有自己最能干，大家都不如她。在重新成立班委会的竞选中她以11票之差落选了。当时她急哭了，以拒绝吃饭表达对竞选的不满。

张某为什么会遭遇这样的结果呢？这主要是由她自己的自负所导致的。

自负就是过高地估计自己。对大学生来说，在适当的范围内，自负可以激发斗志，树立必胜的信心，乃至于坚定信念克服困难。但是，这样的自负必须建立在客观现实的基础上，脱离现实基础的盲目自负将对个人生活、学习、人际交往造成负面影响，严重的还会导致心理疾病。

(一)自负的一般表现

1. 自视甚高

很少主动关心他人，与他人关系疏远。时时刻刻为自身利益考虑，不顾及他人，不肯帮助他人。试图万事靠自己，一旦需要他人帮忙，就觉得理所当然应该获得他人的协助。

2. 过度防卫

自负的人自尊心很强，当其他人获得成就的时候，不管成就大小，他们总会产生对他人的排斥心理，贬低他人成就；他人遭遇挫折的时候，不但不前去安慰劝导，反而幸灾乐祸地在一旁说风凉话，拒绝提供有效信息。

3. 轻视他人

自负者认定自己具有的长处，不管他人的态度如何，即使知道他人的建议是善意和正确的，也不愿意更改想法，反而喜欢利用各种场合抬高自己贬低他人，无法吸纳他人的优点，将他人看得一无是处。

(二)自负心理的调适

过分溺爱的家庭教育、一帆风顺的生活、片面的自我认识和遭遇情感问题，都是形成自负心理的原因。要克服自负的负面影响，我们可以从以下几个方面入手。

1. 与人平等相处

平等相处就是要求自负者放下自视甚高的架子，以普通成员的身份与他人进行交往，清除观念上和行动上希望其他人服务自己、服从自己的要求。

2. 接受建议

虚心接受建议是调整自负的方法。自负者的弱点在于对自己的态度近乎偏执的坚持，而无法正常接纳他人的观点。接受建议即是要自负者能够接受他人的正确观点，改变固执己见的态度，通过接受和改进实现自我发展。

3. 提高自我认识

自负者一叶障目看不到自己的全貌，因此，试着放开自己，提高认识，全面地了解自己的优、劣势，将对自己的评价放到社会的大环境中考察、比较，看到他人的长处，学会取长补短，才能有所进步。

以发展的眼光看待自负。自负者大多是曾经有过辉煌经历的人，但是随着时间的推移，一味地沉浸在过去的成就光环中，看不到自己的现在和将来，注定要被时代抛弃。

二、嫉妒心理及其调适

心灵故事

小王与小李是某艺术院校三年级的学生，同在一个宿舍生活。入学不久，两个人就成了形影不离的好朋友。小王活泼开朗，小李性格内向、沉默寡言。小李逐渐觉得自己像一只丑小鸭，而小王却像一位美丽的公主，心里很不是滋味。她认为小王处处都比自己强，把风头占尽，时常以冷眼对小王。大学三年级时，小王参加了学院组织的服装设计大赛，并得了一等奖，小李得知这一消息妒火中烧，趁小王不在宿舍之机将她的参赛作品撕成碎片，扔在小王的床上。

案例中小李所表现出的极端行为就是由嫉妒心理所导致的。

嫉妒是影响人际关系的心理因素之一，是对成就、才华、社会地位以及个人条件、机遇等各方面优于自己的人，所产生的一种交织愤怒、怨恨、仇视的复合情绪。现代社会讲究成功和竞争，然而激烈的人生竞技场上有获胜者必然也会有失利者。如果情绪处理不好、心理协调能力不强，或者对失利选择了错误的归因方式，于是将内心愤怒、不满的力量投射到成功者身上就会产生嫉妒情绪。强烈而持久的嫉妒心理往往会对自己和他人产生严重的后果。更有甚者，有的大学生在人际交往中对同学取得的成就心怀不满，背后甚至当面冷嘲热讽、诋毁、污蔑和攻击他人，破坏他人的所有物，通过打击损害对方达到自我心理平衡，从而导致人际冲突或交往障碍，也不利于自身的身心健康与发展。

产生嫉妒心理并不可怕，可怕的是自己无法正视嫉妒。大学生必须树立正确的竞争观念和宽容待人的生活态度，可以从以下几个方面对嫉妒心理进行调适。

（一）正确面对失利，调节认知模式

嫉妒心理的产生通常源于两种错误的归因方式：一是觉得他人的成功是对自己的威胁，是侵害了自身利益。二是认为他人的成功是对自己的讽刺，越是大的成绩越凸显了自己的无所作为。故克服嫉妒心理先要梳理自身的认知模式，认识到每个

人身上都存在优点和缺点，在社会中生存就必然要面临与他人的比较，这是人际交往的必经途径。我们应通过不断的比较产生拼搏进取的动力，以成绩来证明自己的实力，而不是躲在阴暗角落浪费精力做无用功。

(二)不断充实自己，提高竞争能力

当我们有一个充实而忙碌的生活时，就不会把精力投到嫉妒等方面，因此，我们应学会把注意力集中到自己身上，集中到手边正在做的事情上，集中到对自己现在生活及将来规划的实现上，不断充实自己，提高竞争能力。

(三)学会肯定自己，增强自信心

从某方面来说，嫉妒者实际上是他人优点的敏锐观察者。如果将这样的敏锐投入对自己优点的发掘中，学会肯定自身能力，正确评价自己与他人，通过具体事情的操作赢取成就感，增强自信心，嫉妒的阴影也将被祛除，人际关系也将走上良性发展的正轨。

三、猜疑心理及其调适

正如英国哲学家培根所说："多疑之心犹如蝙蝠，它总是在黄昏中起飞。这种心情是迷惑人的，又是乱人心智的。它能使你陷入迷茫，混淆敌友，从而破坏人的事业。"猜疑是人际关系中常见的不良心理品质，是指交往中遇事捕风捉影、对他人失去信任，怀疑他人的诚意，无法建立正常的人际关系。猜疑容易发生在具有封闭思路，对环境、他人以及自己缺乏信任感，曾经遭遇过交往挫折的人身上。他们往往变得自卑、消极、胆怯和被动，格外留心外界和他人对自己的看法，无法轻松自然地与人交往，闷闷不乐、郁郁寡欢。如当老师对自己态度冷淡一些的时候，就怀疑是不是有同学在老师面前说了什么坏话；当朋友没有给自己打招呼的时候，就想到他看不起自己，是不是要断绝友谊，这些琐事在猜疑者眼中都有着"潜台词"。猜疑者整天忧心忡忡，焦躁不安，也不愿对他人倾诉，不但自己心情低落，更会影响正常的人际关系，阻隔了信息的交换，容易将怀疑他人内化为怀疑自己，从而失去前进的信心。

猜疑者通常过于敏感。敏感并非缺点，往往对事物感觉敏锐的人具备高度的艺术创作灵气，但如果这种敏锐集中使用到人际交往中，并造成困扰，就必须要用适当的方式加以控制了。

(一)增强自信心

"尺有所短，寸有所长"，每个人都具备独特的优势。关键在于能否发现长处，培养自信。充满信心地投入工作和学习，就不会有多余的精力去计较他人细微行动后面的"潜台词"了。

(二)及时沟通，消除误会

人与人之间多少都会发生误会，只要我们具有澄清事件、消除误会的能力，天大的误解也会烟消云散，但是误会如果没有得到及时解除，就会发展成更为严重的不良心理状态，如猜疑乃至于嫉妒等。因此，当我们意识到可能造成误会的时候，应冷静自身情绪，找好时间、地点，尽快与误会的对象开诚布公地交流，了解彼此的真实想法，心平气和地解决问题。

(三)学会自我安慰

当一个人遭遇生活中的议论与流言时，通常都会有情绪上的困扰。只要未触犯立身处世的大原则，我们都可以从容面对细节，笑看风云变幻，减少不必要的烦恼。与其将精力耗费在虚幻的争执上，不如节省精力更好地处理自身事务。

四、自卑心理及其调适

心灵故事

陈某，大学一年级的女生。她没能如愿考上自己理想中的大学，只上了一所专科学校，从而导致她对自己缺乏信心。进入大学以后，她常常情不自禁地过分夸大自己的缺点，甚至毫无根据地臆造出许多自己的弱点，还总爱拿自己的短处与他人的长处相比。由此，她失去了自信心，将自己看得一无是处。对那些自以为无力完成或实际上稍加努力就能完成的任务都轻易放弃了。

陈某的这种自卑心理在许多高职高专学生身上都有所表现。这需要同学们进行心理调节并走出自卑的阴影，重新树立自信心，以适应大学的学习和生活，不断提升自己的专业素质，增强竞争能力，努力实现自己的人生价值。

自卑感是因对自身评价过低而产生的压抑、羞愧等情绪体验，是自我意识中自我情绪体验的形式之一。自卑感的出现可能有真正的生理、心理缺陷基础，也可能仅仅是出于想象。自卑的人自我评价过低，评价不符合自身实际情况，因而会轻视自己或者看不起自己，对自己没有信心。在社会生活中表现出胆怯、退缩，担心不被他人尊重，对他人的评价异常敏感。一个人的自卑心理形成后，为了避免受到进一步的心理伤害，会尽量不与人接触，把自己封闭起来；这种拒绝他人进入的情况又会使他人对自己形成不良看法，更加远离和回避自己，从而进一步加深自卑心理。

从性别差异的角度看，大学生中女性较男性更容易产生自卑情绪，原因在于社会性别文化中更强调男性的自立、自强，要求女性柔顺、依从，鼓励女性采用低姿态来迎合男性需求。同时，女性在个体感受性上更为敏感，因此，女大学生尤其要注意对自身心理状态的觉察并及时采取积极措施改变这种不良情绪。

自卑心理的主要外在表现：一方面对自己评价过低或者格外苛求，觉得自己相貌、能力、为人处世等各方面样样不如他人，从而失去进取心和竞争意识，行为发生退缩，不敢参加集体活动或需主动加入的项目，情绪低落，自怨自艾，神情沮丧，精神不振。另一方面又期望过高，希望自己表现在他人面前的部分处处完美，过分介意他人的评价，敏感多疑，经受不住任何一点挫折，唯恐被他人拒绝或者遭受嘲笑，体现在行为上就是过分的自我保护，像刺猬一样竖起全身的硬刺，以此保护异常脆弱和承受不住挫折的内心，在人际关系的处理上易陷入猜忌和恐慌的困境。

具有自卑心理的大学生，其深层的内在因素在于自己对自己价值的否定。这种心态常常使他们感觉不到安全感和归属感，因此，退缩到仅有父母和亲属的狭小人际交往圈内。长期处在自卑心态中的大学生，其身心健康受到严重影响。他们的人际交往、正常学习生活乃至于毕业后进入社会的工作，都会留下不良的阴影。

调适自卑心理可从以下几方面入手。

(一)坚持标准，客观地评估自我

应增进对自己所有优、劣势的深入了解，不因他人的评价而随时改变自己。希望走出自卑的困境，必须要对自己有一个正确而清醒的认识，能用客观标准评价自我和他人；与他人，尤其是身边同辈群体和同阶层的人进行比较时，应遵循客观和合理的原则。在各种人际交往中应不卑不亢，符合当时当地自身角色的要求，既不特意放低姿态取悦他人，借以换取口头的好评以满足虚荣心，更不需要故意在他人面前夸耀自己，用炫耀来提高所谓的“身价”。这样的心态就能渐渐消除自己的自卑心理，获得他人发自内心的尊重。

(二)主动交往，适度地开放自我

自卑者往往会倾向于孤立自己，并形成越没有交往对象越孤立自己的恶性循环。当长期缺乏与他人交流的经验后，自卑者会发现自己已无法融入对方的生活，不能理解似乎他人都有默契的语言了，于是进一步退缩和怯于交往。其实，自卑的人大多心思细腻、谦虚谨慎、做事仔细，相比夸夸其谈者更易成为人际交往中的参与者。通过主动、积极地与人交往来开阔心胸，克服自卑心理。

积极投入各种人际活动，如班级的竞选、社团活动的毛遂自荐、院校的联谊活动等，通过活动扩展自己的活动半径，并争取成功的交往体验，是克服自卑的法宝之一。积极参与各式各样的人际活动，即使获得几次很小的成功经验，也会使自卑者受到莫大的鼓舞，引导他们走上正常人际交往的良性循环道路。

综上所述，想克服交往中的自卑心理，除了要正确地评价自己、坦然接纳自己的优、劣势外，最关键的措施是要主动开放自我，积极投入各种人际活动中。因为所有的认识只有落实到每一个行动上，才能促进交往能力和交往艺术的形成。大学生在积极交往的过程中，体会到集体和友情的温暖，能放下厚厚的心灵盔甲，绽放对他人的笑容，真心待人并获得回报，体验成功的喜悦和自身魅力，增强信心，有助于战胜自己的自卑心理。

五、孤独心理及其调适

孤独是人类特有的一种心理现象，产生于人际关系之中，主要来源于人际关系缺陷或社会接触不足。它是个体的主观心理感受。每个人因个体感受性的差异，即使对同一件事情也会产生不同的感受。经常感觉孤独的人，会在身体健康和心灵上造成不同程度的伤害和痛苦。长期或严重的孤独可能引发某些情绪障碍，降低大学生的心理健康水平。

相关链接

美国心理学家S. 沙赫特做过这样一个实验：他以每小时15美元的酬金聘人到一个与外界完全隔绝的小房间去，这个小房间里面没有报纸、电话和信件；也不让其他人进去，甚至被试者身上的钱包也不让带。最后有5个人应征参加实验。其中1人在小房间里只待了2个小时就出来了，3个人待了2天，1个人待了8天。这个待了8天的人出来后说："如果让我再在里面待1分钟，我就要发疯了。"这个实验表明，人们都害怕孤独，愿意与他人在一起，从而满足心理及生理的需要。可见，人们多么渴望和需要与人交往。

随着社会现代化的发展，人与人之间的空间距离在缩短，而心理距离却悄然增大。大学生作为担负国家与民族希望的一代，孤独问题造成的影响也日益突出。大学生的孤独感大体分为两类：一是缺乏正常的社会接触，如缺乏与异性的交往，失去亲人的关爱，无法融入集体而缺乏安全感等。二是与每个人的性格有关。有些人过于看重得失，患得患失情况较重；有的人过于敏感脆弱，情绪起伏较大，容易得罪他人等。一般来说，大学生的孤独感与性格特征的差异有关。外向的大学生性格开朗，活泼好动，喜欢与人交往，情绪容易外露，因此，容易获得他人的喜欢。内向的大学生往往会表现出社交退缩行为，他们常常局限于自己的狭小圈子里，对各种团体社交活动的主动性欠缺，限制了自己与人接触的机会。性格内向的人较外向的人更容易产生孤独感。

心理学相关研究表明，大学生孤独的心理与行为表现复杂。大学生的孤独水平在男女、城乡生源上存在显著差异。孤独与个人的人格特点有密切的关系。孤独程度高、易于孤独和持续感到孤独的人往往存在孤独倾向，具有这种个性的人常在社交场合过分敏感，害怕负性评价和胆怯，害怕被拒绝，并相信自己缺乏社交吸引力，因而回避交往。然而他们又有强烈的交往愿望，渴望爱与接受，因此，难免有孤独寂寞之苦，难以与人建立及维持亲密的人际关系。

大学生孤独心理的调适应以转变自我认识、加强自我人际修养为主，做到正视孤独，挑战自我，勇敢走出原有狭小的交际圈，投身各类社交活动，获得成就感。大学生可从以下几个方面来调整自己。

(一)在实际生活中确立有效的目标

这个目标可以是生活上的，也可以是学习上的。将心理力量集中在一个地方，转移对自我的过分关注，减缓孤独感对内心的影响。

(二)正视日常环境中的各种压力

在面对问题时，主动寻求帮助，而不是一味压抑和逃避。大学生作为国家建设的栋梁之材，应具备接纳和解决各种压力的基本能力，运用乐观、开朗的态度认真对待面临的困难，善于并勇于向他人寻求帮助。

（三）学会自我宣泄

陷入孤独境况的大学生，大多缺乏自我宣泄的方式。可以用积极的户外活动，如打球、跑步、游泳等，或者找朋友、师长聊天的方式转移过度的注意力，将负面情绪及时宣泄出去。

每个人的人际交往能力都是在不断成长过程中逐渐积累和发展起来的，如何更好地运用有效沟通方式，跳出人际交往的困境，掌握自身发展和成长的动力，是每个大学生的必修课。只有勇于投入交往实践，将沟通知识和技巧真正使用，才能化压力为动力，更好地争取和把握个人成长的机遇。

想一想

你在人际交往中有哪些心理困惑？

思考与练习

1. 人际关系的概念及实质是什么？
2. 大学生人际交往的特点及影响大学生人际关系的心理因素有哪些？
3. 结合自身实际，谈谈你是如何调适人际关系中的不良心理的。
4. 简述大学生人际交往的艺术。

拓展训练

训练一：心理自测

人际交往能力测试

本人际交往能力测试表共包括30道题，你可按照自己的符合程度计分。凡符合者计2分，基本符合者计1分，难于判断者计0分，基本不符合者计－1分，完全不符合者计－2分，最后统计总得分。

1. 我上朋友家做客，首先要问有没有不熟悉的人出席，如有，我的热情就明显下降。
2. 我看见陌生人常常觉得无话可说。
3. 在陌生的异性面前，我常感到手足无措。
4. 我不喜欢在大庭广众面前讲话。
5. 我的文字表达能力远比口头表达能力强。
6. 在公共场合讲话，我不敢看听众的眼睛。
7. 我不喜欢广交朋友。
8. 我的要好朋友少。
9. 我只喜欢与谈得来的人接近。
10. 到一个新环境，我可以接连好几天不讲话。
11. 如果没有熟人在场，我感到很难找到彼此交谈的话题。
12. 如果要在“主持会议”与“做会议记录”这两项工作中任选一样，我肯定是挑后者。

13. 参加一次新的集会，我不会结识多少人。

14. 他人请求我帮助而我无法满足对方的要求时，常感到很难对人开口。

15. 不到不得已，我绝不求助于人，这倒不是我个性很强，而是感到很难对人开口。

16. 我很少主动到同学、朋友家串门。

17. 我不习惯和他人聊天。

18. 领导、老师在场时，我讲话特别紧张。

19. 我不善于说服人，尽管有时我觉得我很有说服他人的理由。

20. 有人对我不友好时，我常常找不到恰当的对策。

21. 我不知道怎样与嫉妒我的人相处。

22. 我同他人的友谊发展，多数是他人采取主动态度。

23. 我最怕在社交场合中碰到令人尴尬的事。

24. 我不喜欢赞美他人，感到很难把话说得自然亲切。

25. 他人话中带刺揶揄我时，除了生气外，我别无他法。

26. 我最怕做接待工作，同陌生人打交道。

27. 参加集会，我总是坐在熟人旁边。

28. 我的朋友都是同我年龄相仿的人。

29. 我几乎没有异性朋友。

30. 我不喜欢与地位比我高的人交往，我感到这种交往很拘束、很不自由。

若总得分在30分以上，说明你的社交能力是相当差的；如果得分在0～30分之间，说明你的社交能力较差；若得分在－20～0分之间，则意味着你的社交能力还可以；若得分低于－20分，那么应当祝贺你，你是比较善于交往的人。得分越低，说明社交能力越强。

训练二：收获优点(戴高帽)

活动目的：

(1)发现他人的优点并加以欣赏，促进相互肯定与接纳。

(2)增强个人的自信心。

活动时间：30～50分钟。

活动准备：7～10人一组，围成圆圈坐着。

活动步骤：

(1)请一位成员坐或站在圆圈中央，向大家介绍自己的姓名、个性、爱好等。

(2)其他人轮流根据自己对他的了解及观察说出他的优点及可欣赏之处(如性格、相貌、待人接物等)，然后被欣赏的成员说出哪些优点是以前自己察觉的，哪些是没被察觉的。每个成员轮流坐到圆圈中央，让其他人给他戴一次高帽。

活动规则：

(1)必须说出优点。

(2)夸他人优点时态度要真诚，不能毫无根据地吹捧。

(3)参加者要注意体验被他人称赞时的感受，要学会用心去发现他人的长处；学会做一个乐于欣赏他人的人。

训练三：找朋友

请几位同学说出你最喜欢交往的五种类型人和最不喜欢交往的五种类型的人，然后总结出人际交往中应遵循的原则。

指导建议：通过这个活动，让同学们从自身的感受出发认识在人际交往中应怎样促进人际和谐。

训练四：找帮助

活动目标：团体人际温度测量，建立信任的关系。

活动时间：约 20 分钟。

活动步骤：

(1)挑选 11 名同学组成一个团队，由其中一名同学担任组织者。

(2)组织者请团队成员环视团体，观察每一个成员，然后问一些问题，比如："如果你迷路了，你会找这个团体中谁问路?"要求成员作出选择并把手搭在那个人的肩上。

(3)此时形成几组人链，有人被许多人选择，有人没被选择，然后请成员由后向前说明为什么选择他(她)，以促进成员之间的沟通。

(4)更换问题，继续游戏，讨论。

活动指导建议：在活动中，组织者要注意结合活动目标设置问题。

学习反思

第五单元

挫折心理与成功心态

学习目标

1. 了解挫折对受挫者产生的影响。
2. 掌握应对挫折的方法，不断提高挫折承受力。
3. 学会在挫折中培养成功心态。

单元导入

王浩是某高职学院的学生，在大一结束时，他有三门课程不及格，补考也没有通过。这使他变得很颓伤，在学习和生活上失去了自信，甚至当有同学在谈论学习成绩时，他都会感觉很羞愧，对学习和生活失去了追求的动力，一切仿佛蒙上了一层灰色。王浩遇到了什么问题？是什么原因引起的？应用什么办法去解决？

王浩所遇到的问题其实就是我们平时所说的挫折。人生逆境十之八九，顺境十之一二。在人的一生中，可能会遇到各种各样的困难和挫折，也就是大家常说的逆境。逆境是令人不愉快的，但逆境并不因为我们不喜欢就不到来。大学生在成长的道路上，总会面临学习、生活、交友、就业等问题，需要去处理。但由于我们的社会经验不足，承受挫折的能力较低，遇到一点波折和困难就不知所措，导致出现心理危机，无法适应生活。因此，正确认识挫折和失败，建立起遭受挫折的思想准备和应付挫折的能力，是当代大学生走向社会、走向生活、迎接挑战的基本条件。

第一课　认识挫折

贝多芬曾说过："卓越的人一大优点是：在不利与艰难的遭遇里百折不挠。"挫折在每一个人的一生中都可能遇到，不同的人对待挫折有不同的理解和态度，因而，挫折对于人们的意义也会不同。

一、挫折的含义

> **精彩语录**
>
> 人生不幸之事犹如一把刀，它既可以为我所用，也可以使我们被割伤，这要看我们究竟抓住了刀刃呢，还是握住了刀柄。
>
> ——美国作家罗威尔

一般来讲，"挫折"一词是指挫败、阻挠、失意的意思。这里所说的挫折是指人生境遇中的逆境状态，是在日常生活、学习和工作中遇到的困难和失败。从心理学的角度讲，挫折是指个体的需要和动机遇到障碍或干扰时所产生的紧张状态和情绪反应。也就是我们在从事有目的的活动过程中，因主观或客观的原因受到阻碍或干扰，致使行为动机不能实现的情绪状态，是一种对阻碍不能接受的主观感受和体验。

挫折包括挫折情境、挫折认知和挫折反应三方面的内容。挫折情境，是指存在着的动机不能实现、需要不能得到满足的干扰情境，如高考落榜、竞选学生干部落选等。挫折认知，是指对挫折情境的认知与评价，这种认知与评价的过程存在着很大的个体差异。由于人们的主观认识不同，因而对挫折的认知和评价也会有较大的差异。挫折反应，是指在挫折认知、评价的基础上，会产生情绪或行为的反应，如愤怒、攻击、紧张、焦虑、退缩、逃避等。三个方面紧密联系，挫折情境(既可是真实的，也可是想象的)引起挫折认知，进而产生挫折反应。其中，挫折认知起着十分重要的中介作用。同一挫折情境可能产生不同的挫折认知，不同的挫折认知又会导致不同的挫折反应。如两个人遇到同样的挫折情境，考试成绩不理想，一个人认为问题很严重，另一个人认为无所谓。两人所产生的反应明显不同，前者可能引起强烈的情绪反应，后者则可能反应很微弱，这主要是由于认知的不同。在面对挫折时，人们会表现出不同的反应：有的百折不挠，努力实现自己的奋斗目标；有的一蹶不振，灰心丧气。可见，挫折会带来两种完全不同的行为反应，一种是积极的行为反应，另一种是消极的行为反应。

积极的行为反应是当个体遭遇挫折和失败时，采取积极的心理防御机制来摆脱困境、减轻不安、稳定情绪、重新达到心理平衡的一种情绪反应，表现为努力进取、发愤图强、不达目的绝不罢休。消极的行为反应恰恰相反，当个体面对逆境时，采取消极的心理防御机制企图摆脱困境，主要表现为情绪低落、悲观失望或自我封闭、孤僻离群或情绪激愤、行为冲动。

二、挫折的成因

引起挫折的因素是多种多样的，既有客观方面的因素，也有主观方面的因素；既有内在的因素，也有外在的因素，我们主要从外在因素和内在因素两方面来认识。

(一)外在因素

外在因素又称客观因素或外因，是指那些使动机或行为不能得到实现的实际存在的外部环境因素，又可分为自然因素和社会因素。

自然因素主要包括不可抗拒的自然灾害、虽能够克服但因疏忽或时间精力顾不上造成的损失或不能如愿等。

社会因素包括社会生活中的政治、经济、军事、宗教、风俗习惯、道德观念等对人的限制，家庭和学校的影响或他人的失误等。

社会因素对个人动机形成的阻碍，可能比自然环境的限制更多，后果更严重。因为在自然环境的限制下，人常常感到困难是自然形成的，无法克服的，所以对其引发的挫折比较容易接受，而社会性挫折，则是人为的，它不但阻碍个人的行动，使之不能达到目的，而且使人因失败而感到羞愧，导致自尊心受到伤害。如学习成绩优异的同学遭嫉妒打击；单位缺乏科学的用人机制而使个人抱负不能得以施展；父母对子女的过分溺爱或歧视导致子女产生这样或那样的挫折心理；学校教育不当，如重智育轻德育，将分数作为评价一个学生优劣的唯一标准；教师不平等地对待学生使学生在学习和社会生活中发生诸多的不适应而遭受挫折等。

(二)内在因素

内在因素来自挫折者自身，因此，又称个人因素，可分为主观因素和客观因素。

主观因素是认识因素和心理因素。心理因素主要是指个人的能力、知识和经验不足或个性心理品质太差，如缺乏韧性、过分轻信、不稳定、急躁、不自信或动机冲突状态等。动机的冲突，即两个或多个不能并存、难以取舍的动机在抉择前的两难心理状态。在许多情况下，个人所追求的目标不止一个。可是由于事实的逼迫不得不对某些自己喜欢的人、事、物忍痛放弃。在某一动机满足的同时，另一动机要受阻。这种强迫性的选择，也构成挫折。这在现代社会表现得更明显，而且影响越来越大。

客观因素主要是生理因素。它是个人所具备的条件，包括个人的智力、能力、体力和生理上的缺陷造成的限制，如患有色盲症的人不能成为画家和医生，这是生理因素导致的挫折，使自己不能达到理想的目标。

总之，造成挫折的因素是多方面的，其中内在因素起决定性的作用，外在因素是否导致挫折和产生挫折的程度，取决于人的主观心理素质，特别是人的知识、修养、能力和个性心理品质，以及对挫折的容忍力。因此，我们只有认真分析出现挫折的原因，才能有针对性地用正确的态度和方法面对挫折、经受考验，最终战胜挫折，走向成熟。

三、挫折的影响

挫折对受挫者会产生完全不同的影响，不同的个体因认识的不同和心理品质的差别，对挫折的接受也是有差异的，因此，其影响具有两重性，即消极的影响和积极的影响。

(一)消极影响

挫折是人生境遇中的逆境状态，是人生道路上的不如意。如果对挫折没有正确的认识，缺乏足够的心理准备和克服困难的坚强意志力，就会给受挫者带来消极影响，特别是对于长期生活在顺境中的青年学生，会使人变得悲观、暴躁、自卑和退缩，对心理健康和所从事的学习和工作产生消极影响。

(二)积极影响

“失败是成功之母”“挫折孕育着成功”，说明成功常常又是从失败和挫折中发展出来的，失败和挫折是通向成功的途径。可见，遭受挫折并不一定是坏事。如果我们能够正确认识和面对挫折和失败，以坚强的毅力克服困难，战胜困难，经过努力奋斗总会获得成功或进步。具体地讲，挫折的积极影响主要表现在以下几个方面。

1. 挫折能增长人的聪明才智

挫折能激发人的内在潜能，增强其韧性和解决问题的能力。人们在遭遇挫折和失败之后，要探究导致失败的原因，认真总结经验教训，寻找摆脱困境的办法，正是在思考、总结、探索、创造的过程中，提高认识、增长才智，变得更加聪明。在生活和工作中，失败的教训是十分可贵的。例如，科学研究中的失败，虽然没有直接达到预期的目标，却往往引导人们发现未曾预料到的事实而有新的突破，或者是发现了事先的假设、所使用的方法有缺陷，从而知道应该怎样改进。平日所说的“吃一堑，长一智”就是这个道理。

2. 挫折可以激发人的进取精神

牛顿曾说过：如果你问一个善于溜冰的人如何获得成功时，他会告诉你“跌倒了，爬起来，便会成功”。对于一个有志者来说，挫折和失败的发生，会激发人的进取心。越是遇到挫折和失败，我们可能越会产生一种不达目的誓不罢休的精神。同时，在复杂的现实生活中，成功和失败只能描述某一特定时间、特定地点的情况，此时的失败可能连着彼时的成功，这项工作的失败也许正蕴涵着另一项工作的成功。如果我们拒绝了失败，实际上也就拒绝了成功。我们不应害怕挫折和失败，而应该具有不怕挫折和失败的精神和态度，只有这样才能使我们始终立于不败之地。

3. 挫折能磨砺人的意志

挫折是人生道路上出现的困境，对人是一种打击，同时又给人以一定的压力。

但它却能磨炼人的意志和毅力，造就人才。有的人渴望成为强者，但却经不住失败的打击。他们经过一阵子奋斗，遭到一次乃至几次失败后，便偃旗息鼓，鸣金收兵了，这就根本谈不上对意志的磨砺，因而只能与一事无成的弱者为伍。“自古英雄多磨难，从来纨绔少伟男。”古今中外历史上一帆风顺而又有大成就的人实在少见。真正出类拔萃的人，大都是那些历尽艰辛，在挫折中磨炼出坚强的意志，在逆境中不懈奋斗的人。爱迪生的晚年曾发生过这样一件事：一天晚上，他的实验楼突然起火，顷刻间把他多年来研究和改进的有声电影的宝贵资料、电影样片化为灰烬。他的妻子难过得失声痛哭，但爱迪生反而安慰妻子说：“别难过，不要看我 67 岁了，明天早晨起来，一切都将重新开始。”果然，第二天，爱迪生仍同往常一样，又重新开始，兢兢业业、全神贯注地埋头在那有声电影的研制工作中了。在这里，爱迪生的超人之处，正在于他对挫折和不幸所表现出超人的坚强意志。

4. 挫折使人真正懂得人生的意义

“不经历风雨，怎能见彩虹。”人生经历了很多的酸甜苦辣以后才会更加绚丽多彩。只在顺境中成长会使人生显得很平淡，只有经历了各种挫折、失败和磨砺，我们才会懂得人生的意义，才会更加珍惜生命，并努力实现有价值的人生。

有这样一个故事，讲的是荒野中的羚羊，总有年轻力壮的羚羊跳出来挑战头羊的地位。终于有一天，新的头羊产生了，老的头领就灰溜溜的，仿佛很没面子似的躲在群羊的最后。它心灰意冷，甚至精神恍惚，哪天或许因为没踩稳一块岩石，摔下了山崖，或许因为注意力消退，奔跑速度减慢，被敌人追上成了盘中之餐。

这个故事告诉我们，现代社会竞争越来越激烈，有竞争就有失败，有失败就有挫折。生活不可能是一帆风顺的，特别是当代大学生，面对学习和就业方面激烈的竞争压力，不可避免地要遭遇挫折，遗憾的事随时都有可能发生，被挫折击败，你会与成功失之交臂。因此，学会承受挫折，学会正确地面对挫折就成了一门必修课。

第二课　大学生对挫折的承受与应对

挫折对我们来说是一种挑战和考验。英国哲学家培根说过：超越自然的奇迹多是在对逆境的征服中出现的。关键的问题是我们应该如何面对挫折，当代大学生应努力提升自己的挫折承受力。

一、大学生对挫折的承受

人的一生不可能一帆风顺，每个人都会或多或少、或大或小地遭遇挫折，因此，挫折很难完全避免。培养挫折承受力是我们必须面对的一个十分重要的问题。

(一)挫折承受力的含义

挫折承受力，又称为挫折耐受力、挫折容忍力、抗挫能力，是指个体在遭遇挫折情境时，能否经得起打击和压力，有无摆脱和排解困境而使自己避免心理与行为失常的一种耐受能力，它是个体适应挫折、抵抗挫折和应对挫折的能力，是个体对挫折可忍耐、可接受程度的大小，实际上反映了人对待挫折的态度。人的一生不知要遇到多少挫折，有的轻微、短暂，容易克服；有的严重、长期，难以克服。能否战胜它，很大程度上取决于人的态度。不同的人对挫折的耐受程度是不同的，挫折感的强弱、处理方式及带来的危害也不一样。有的人心胸开阔、性格乐观、充满自信，能向挫折挑战，百折不挠，直至取得最后胜利。另一些人心胸狭窄、性格内向、忧心忡忡，一遇挫折就一蹶不振，甚至行为错乱，失去应付能力。

(二)影响挫折承受力的因素

挫折承受力受多种因素的影响，概括起来，主要有以下几个因素。

1. 生理因素

身体健康、发育正常的人，对生理上需要的容忍力，一般说来高于体弱多病的人。比如，前者不怕偶尔的饥寒交迫，可以熬夜，也可以长时间工作而不感到疲劳。精力充沛的人也比较能够胜任各种工作，因而可以经受更大的挫折。因为挫折会引起人的情绪及生理反应，给人的心理带来压力及紧张感，对体弱多病者而言这会加重身体虚弱程度和病情，甚至发生意外。

2. 个人的生活经历

挫折承受力与一个人的生活阅历是分不开的。有些人一遇挫折就不知所措，很容易被挫折击垮，原因之一就是缺乏生活经验。阅历丰富，屡经磨难的人更能承受挫折，因为当人们听到的、看到的、经历的事情多了，特别是有过失败、苦闷的生活体验，生活经验也就丰富起来。生活经历越曲折的人，承受挫折的能力就越强。从过去经受的挫折中不断积累经验，就能提高挫折承受力。而从小娇生惯养，生活环境比较优越，生活道路过于平坦，缺少磨砺，很少遇到挫折或一遇挫折便逃避、缺少学习处理挫折的机会，挫折承受力就会很低。因此，在同一挫折面前，由于生活经历不同，有些人将它视为惊涛骇浪，无法抵御；有些人把它看成不过是一条潺潺小溪。正因为如此，许多有远见的教育家，都非常强调从小让孩子经受艰苦磨炼，使其懂得生活中还有逆境、坎坷、困难。如美国汽车大王福特尽管身为亿万富翁，却要求子女自己去擦皮鞋，打工挣钱。

3. 个人的主观判断

不同的心态决定不同的结果。人们对同一挫折可以有不同的判断，对同一挫折的主观判断会因人、因时、因地不同而出现感受和判断的不同，因此，构成的压力和打击也就不同。一个人认为是严重挫折，另一个人可能会认为无所谓；同一个人在不同的时间对挫折的判断也可能是不同的，因此，所感受到的打击也就不同。

4. 期望水平

期望水平是个人为自己要达到的目标所定的标准。期望水平越高，挫折承受力越弱，受到的打击就越明显。同一情境，对于期望水平高的人来说可能是挫折，而对于期望水平低的人则可能不构成挫折或挫折程度不高。如同样在考试中得到80分，甲生为自己订的目标是90分，因此，得80分就会产生挫折感，而乙生为自己定的目标是60分，则80分完全不构成挫折。可见，在实际生活中，定下了不符合自己实际情况的目标，好高骛远，也是造成挫折的原因。

5. 心理防御机制

心理防御机制是指个体面临挫折或冲突的紧张情境时，在其内部心理活动中具有的自觉或不自觉地解脱烦恼，减轻内心不安，以恢复心理平衡与稳定的一种适应性倾向。它分为积极的心理防御机制和消极的心理防御机制两类。心理防御机制主要有压抑、投射、否认、升华、补偿、攻击、反向等方式，能及时运用积极的心理防御方式者，具有更强的抗挫力。

6. 其他个人素质

包括价值观、世界观、性格、兴趣、意志等，都与挫折承受力密切相关。挫折感与个人的价值观是紧密相连的。如对于甲来说，未能评上“三好生”可能是最大的打击；对于乙来说，自己的某种正当要求被拒绝，可能成为最大的挫折。一般说来，有着乐观向上生活态度的人，承受挫折的能力就强。在历史上，不同的社会都产生了一批为后人称颂的优秀人物，他们中有科学家、政治家、革命家、诗人、学者……尽管在特定的社会历史环境中，他们分别扮演着不同的社会角色，有着各自的生活目标，但从总的理想目标和生活态度上看，他们一生所追求的是为人类造福的事业。如大发明家爱迪生在发明电灯的过程中，失败了1200多次，终于获得成功。当有人嘲笑他时，他乐观地说，我发现了1200多种不能作为灯丝的材料。苏联英雄奥斯特洛夫斯基，忍受着双目失明和四肢瘫痪带来的巨大痛苦，经过与病魔顽强、殊死的搏斗，乐观主义的人生态度支撑着他完成了两部文学巨著。

小贴士

中国心理学会的一次抽样调查表明，约有1/4的在校大学生心理承受力脆弱，经不起挫折，甚至遇到一点点不如意，就可能使他们伤心、沮丧、萎靡，甚至毁掉自己。因此，如何对大学生进行挫折教育，是高校教育工作者不容忽视的课题。

二、大学生对挫折的应对

每个人都可能会遭遇挫折，不管是否愿意，我们都要去面对它。巴尔扎克说：挫折就像一块石头，让你却步不前，你软它就硬。对于强者它是垫脚石，使你站得更高。对不同的人来说，挫折有着截然不同的意义，对于弱者来说，它是前进的绊脚石，是泯灭意志，甚至使其陷入消沉的深渊。这取决于对待挫折的态度，即对挫折的认识和应对的方式。那么，我们应怎样积极地对待挫折呢？

(一)敢于面对挫折，正确认识挫折

挫折对人有积极与消极两个方面的影响，它既能激发人的内在潜能，增强其韧性和解决问题的能力，也能使人产生一种害怕的心理，不敢面对挫折。人的一生不怕出现挫折，就怕不能正确对待挫折。要想成为生活的强者、智者，就必须有不畏挫折的气概，学会面对挫折，正视挫折。

不畏挫折是可贵的心理品质。我们做任何事情总是希望自己的努力与事情的结果“同步”，然而，现实生活中的许多事情却往往事与愿违，因为影响成功的因素是很多的。我们要有迎接困难和挫折的心理准备。一旦出现了事与愿违的情况，要敢于面对遇到的挫折和失败。如果我们采取逃避的态度或者更加极端的方式来对待，那么成功就可能永远与我们无缘。我们要在平时的学习和生活中，有意识地培养不畏挫折的气概，在遇到挫折时不畏缩、不逃避。古今中外的许多名人取得了很大的成就，这与他们具备这种百折不挠的精神是分不开的。如屈原放逐，乃赋《离骚》；作曲家贝多芬一生遭到许多磨难，贫困几乎逼他行乞、失恋，简直使他绝望，尤其是耳聋对他的打击更为惨重，但他最终创作出《第九交响曲》等传世作品。

大学生在学习、生活和交友中，都可能会遇到挫折和失败，但我们不能因失败而退缩或找种种理由为自己开脱。我们既要认真吸取失败的教训，总结经验，又要学会体验“挫折”，把挫折看成是走向成功的垫脚石，从挫折中寻找成功的窍门，采取积极有效的方法和策略克服困难，不断走向成功。

精彩语录

人生难免有挫折，但只要勇敢地面对它，积极地战胜它，相信阳光总在风雨后。

心灵故事

某高职院校学生小李参加了三次大学英语四级考试，失利了三次。虽然每次的考试成绩都有所提高，但一再失利也很让人焦虑。看到和自己一起参考的同学都拿到了英语四级证书，而自己考了这么长时间还在不断地复习迎考，他不知道自己是否还有必要继续下去。

心灵鸡汤：这是典型的由挫折心理引起的考试焦虑。面对挫折，理智的态度有三种：一是继续努力，克服重重困难战胜挫折。二是调整目标或降低要求，变消极因素为积极行为。三是设置新目标代替旧目标。其中最关键的就是明确自己的实际情况，这样才能找到解决问题的方法。真正能够改变现状的人只有你自己。

(二)确定适当的目标

目标定位的高低及其与自己能力水平是否相符，决定我们的行为在多大程度上能获得成功。一般来讲，如果一个人预设的目标远远超过了自己的实际能力，就是尽最大努力都是不可能实现，这不但会使人产生挫败感，还会使人无法承受挫折，出现难以想象的后果。对于大学生来讲，我们应怎样确定符合自己的目标呢？有研究表明，在任何任务中都会存在一个难度上的"中间地带"，科学、合理的目标就应落在这个"中间地带"上。因为一项过于简单或过于困难的任务，都不会给人以挑战性的刺激。完成一项很容易的任务不能使人产生成功感，完不成一项极其困难的任务也不会使人产生失败感。我们制定的目标要高低适度，量力而行。挫折，有时就是因为自己制定的目标过高引起的。当预设的目标没有实现时，我们首先应及时反省目标是否科学、合理，是否是可行的，然后将自己的目标细化，把目标分解成阶段性目标，这样通过一个个阶段目标的达成，最终实现总目标。

(三)学会应付挫折的技巧

当遇到困难时，不能一味地责怪自己，做到不急躁、不消沉。一个人遭遇挫折，有时是由于自己的过失造成的，产生一定的自责是正常的，但不能过多，尤其是不可长时间地陷入其中不能自拔。这种情绪对战胜挫折不利且影响身心健康，因此，掌握一些应对挫折的技巧，可以帮助我们排除或减少挫折带来的消极影响。

1. 自我安慰法

这是指在个人达不到自己追求的目标时，为避免或缓解因挫折而产生的焦虑心理，用自以为是的理由来解释自己未能实现目标的原因，用自圆其说为自己的行为开脱，求得暂时的心理平衡。这种方法旨在避免心理上的焦虑和痛苦，以适应挫折的情境，是一种自欺欺人的方法，偶尔用一用作为调控消极情绪的权宜之计，对于帮助我们在挫折面前接受现实和接受自己，避免精神崩溃，不无益处。因此，适当地使用这种方法，有助于保护我们的自尊心。但如果用得过多，以致成为个人的主要防卫手段，则是一种病态，会妨碍自己去追求真正需要的东西，故使用这种方法时要注意消除其负面影响。

2. 自我宣泄法

这就是要学会适当地发泄自己的情绪，以此来改变自己不良的心境。在我们遭遇挫折时，会导致情绪激烈波动，这种强烈情绪产生之后，我们是不应该压抑和克制自己感情的。因为所谓的控制情绪，所能被控制的仅仅是如表情、声音、动作、行为的变化以及泪液分泌等一些情绪成分，实际上却使情绪由外部压抑转到体内的内脏器官中，在体内寻找发泄的地方，从而给人体造成伤害。因此，我们可采取合理有效的方法，宣泄情绪。如当我们遇到挫折时，可以向自己信任的老师、同学倾诉，同家人好友交谈，并接受他人的劝解；参加体育锻炼，把压抑的情绪释放出来，并寻求正确对待的方法。当然，情绪的发泄并非是无所顾忌、不计后果的，而是要通过一种合理的、社会可接受的途径加以宣泄和排解。

3. 自我暗示法

从心理学上讲，暗示是一种不加批判地接受影响的方法。暗示可来自他人，也可源于自己。我们把源于自己的暗示叫自我暗示，即自己用语言、感觉、知觉、意念、想象等来影响自己的心理和行为，有意识地通过本人的潜意识来支配自己的情绪和行为。我们在遇到挫折时，绝不能给自己灌输消极、错误的信息，如“糟了”“我不行”等，而要给自己积极的自我暗示，如“我行”“我能赢”等，使自己处于良好的情绪状态。

4. 转移调控法

一个人受挫后，往往容易陷入痛苦、惆怅、失落之中，摆脱不了失败的困境。转移情境不失为一种自我解脱的方法。当挫折出现后，情绪会变得高涨或者低落，当情绪激动时，为了使它不至于立即爆发，使自己有冷静地分析和考虑问题的足够时间和机会，可以有意识地通过转移话题或做点别的事情的方法来分散自己的注意力，也可以用一些特殊的方法，如咬住舌头强迫自己不讲话、数数或用舌头在口腔里转圈子的方法来缓解自己的情绪。在余怒未息时，可以用看电影、听音乐、下棋等正当而有意义的活动，使紧张的情绪松弛下来。当情绪低落时，可以回顾一些生活中愉快的往事，过去取得的成绩和荣誉，老师、朋友、家人对自己的关爱等，还可以多参加一些文体活动，外出旅游、观赏大自然的秀美风光等，使自己精神上得到慰藉，心理上得到充实，为战胜挫折创造条件。

大千世界，变幻无常，万事不可能都一帆风顺。从人的一生来讲，挫折不可避免，但困难总是暂时的，只要坚持不懈地努力，做生活的强者，遭遇挫折时，胸怀广阔一些，给自己留的余地大一些，将挫折的消极影响转化为积极的作用，我们总会有获得成功的希望。

小贴士

战胜挫折的法宝

优势比较法。与比自己受挫更大、困难更多、处境更差的人相比，寻找自己没有受挫感的方面，即找出自己的优势点，强化优势感。

倾诉法。适度倾诉，可以将负面情绪随着语言的倾诉而逐步转化出去。

痛定思痛。当自己从挫折中重新站起来之后，应认真审视自己的受挫过程，多从自身找原因，接受受挫的事实，克服工作中自身存在的问题。

明确目标。挫折干扰了自己原有的工作氛围，毁灭了自己原有的目标，因此，重新寻找一个方向，确立一个新的目标，就显得非常重要。

第三课　成功心态的培养

应对挫折的过程中，我们还应学会培养成功的心态。成功心态主要包括自信心、进取心、施与心、平常心、包容心、诚信心和持久心等。应如何培养成功心态呢？

一、战胜自卑，秉持自信

自卑是挫折产生的第一道门槛。大学生中有一些同学存在自卑心理。他们总是贬低自己，对自己缺乏信心，总认为自己处处不如他人，正是由于这种自卑心理，使其失去了向前冲的勇气。要知道自信是成功的第一秘诀。我们不是因为事情难以办到才失去信心，而往往是因为我们失去信心才使得事情难以办到。信心才是成功的第一步。成功者之所以成功，是因为他们在与他人共处逆境时，他人失去了信心，而他们却在下决心去实现自己的目标；他人一遇挫折就一蹶不振，而他们却面对再大的挫折也能屡败屡战。扔掉自卑的包袱，认清自我，善于发现自己的长处，充分挖掘自己的才能，有了自信心就能为我们增添克服困难的勇气，从而铺就一条通向成功的道路。

小贴士

美国女学者海伦·凯勒1岁半时突患疾病致其又盲又聋又哑，在如此难以想象的生命逆境中，她以敢与命运挑战的信心和勇气，在启蒙老师的帮助下，顽强地学会了写和说。她曾说“信心是命运的主宰”。她以强烈的自信和顽强的毅力克服了生理上的缺陷，考入哈佛大学德克利夫女子学院并最终以优异的成绩从该校毕业，赢得了世界舆论的赞扬。她先后完成了《我生活的故事》等14部著作，产生了世界范围的影响。她那自尊自信的品质、不屈不挠的精神被誉为人类永恒的骄傲。

二、跨越悲观，展现积极

人生道路上总会有挫折和失败，在遇到这种逆境时，我们是积极面对还是消极逃避，将决定我们是成功还是失败。乐观地对待生活中的一切，让乐观成为习惯，从容接受不可改变的事实。积极面对挫折的人往往比消极悲观的人成功的概率大。

三、突破怯弱，执着坚韧

怯弱是走向成功的拦路虎，遇事就退缩的人只能永远陷入挫折的泥潭。成功靠的是坚持不懈。做任何事情，如果不执着地追求，就无法尝到成功的滋味。一旦开始工作，绝不可轻易放弃，要有不达目的誓不罢休的劲头。特别是在遇到困难时，更需要一种坚韧不拔的精神，千万不要轻易放弃。要知道没有多少成功是轻而易举获得的。通过艰苦努力、锲而不舍地追求获得的成功才是最宝贵的。没有坚韧不拔的精神，没有克服困难的勇气，就尝不到成功的喜悦。成功属于意志坚韧的人。

四、打破陈规，开拓创新

要突破固有的思维，打破陈旧框框。一个成功的人往往能随时调整和改变自己的习惯，思考如何去应付更多、更难的挑战。一味地沉迷于以往的成功而不思自我的突破与改变，最后往往沦为时势下的失败者。

五、摒弃懈怠，放飞热情

热情是人生成功的引擎。我们要克服懈怠的不良习惯。在大学生中，有相当一部分同学已经没有了上中学时的勤勉。大学宽松的管理使一些同学养成了懈怠的作风，对所有的事物都失去了兴趣和热情。没有了热情，就没有对所要完成的工作的高度责任心，在行为中往往表现出的是敷衍了事，如此则难以形成成功心态。

六、超越嫉恨，学会宽容

宽容是一种人生智慧。当他人冒犯了我们的时候，我们要学会包容，摒弃怨恨。这不仅有利于改善同他人的关系，还有助于自身心理健康发展，保持一种积极乐观的心态，帮助我们走出困境，走向成功。

七、告别抑郁，享受快乐

抑郁的心情常使我们陷入灰暗的境地，持续时间长了，就会产生挫折心理。在大学生中，一些同学因为学习、生活或交友等方面的问题没有处理好而形成抑郁的心理。这样的心理状态，使其行为缺乏动力，很大程度上会导致目标错位。要想走出忧虑，走向成功，就别让抑郁情绪害了自己。要学会从不安、压抑的情绪中解脱出来，不妨换个角度看问题，努力让自己心情愉悦起来，在快乐中享受生活。有了这种心境，就能逐渐走向成功。

小贴士

在德国，有一个造纸工人在生产纸时，不小心弄错了配方，生产出了一批不能书写的废纸。因此，他被老板解雇了。正在他灰心丧气、愁眉不展时，他的一位朋友劝他："任何事情都有两面性，你不妨变换一种思路看看，也许能从错误中找到有用的东西。"于是，他发现，这批纸的吸水性能相当好，可以吸干家庭器具上的水分。接着，他把纸切成小块，取名"吸水纸"，拿到市场上去卖，竟然十分畅销。后来，他申请了专利，独家生产吸水纸，获得巨大成功。

思考与练习

1. 谈谈你经历的挫折对你的成长产生过哪些积极的作用。
2. 怎样才能克服挫折的消极影响？
3. 遇到挫折时你的表现如何？如何提高自己承受挫折的能力？

拓展训练

训练一：受挫能力测试

请你认真思考以下问题，在符合你实际情况的答案上打“√”。

1. 碰到令人担心的事

   A. 无法着手工作　　B. 照干不误　　C. 两者之间

2. 碰到讨厌的对手时

   A. 感情用事，无法应付　　B. 能控制感情，应付自如　　C. 两者之间

3. 失败时

   A. 不想再干了　　B. 努力寻找成功的机会　　C. 两者之间

4. 工作进展不快时

   A. 焦躁万分，无法思考　　B. 可以冷静地想办法　　C. 两者之间

5. 工作中感到疲劳时

   A. 脑子不好使了　　B. 耐住疲劳继续工作　　C. 两者之间

6. 工作条件恶劣时

   A. 无法干好工作　　B. 克服困难创造条件　　C. 两者之间

7. 在绝望的情况下

   A. 听任命运摆布　　B. 力挽狂澜　　C. 两者之间

8. 碰到困难时

   A. 失去信心　　B. 开动脑筋　　C. 两者之间

9. 接到很难完成的任务时

   A. 顶回去　　B. 千方百计干好它　　C. 两者之间

10. 困难落到自己的头上时

   A. 厌恶之极　　B. 努力克服　　C. 两者之间

评分说明：

A=0 分，B=2 分，C=1 分。

总分在 17 分以上说明受挫能力很强；在 10～16 分之间，说明对某些特定的挫折的承受力比较弱；在 9 分以下，说明承受挫折的能力比较弱。

训练二：听歌曲《阳光总在风雨后》，伴随着音乐走进自己的记忆长河，思考以下问题：①回忆自己懂事以来所遭受过的印象最深的一次挫折。②谈谈受挫后的心情。通过反思，体验遇挫的过程。自我反思之后，再以小组为单位在小组内交流体

验，最后在此基础上每个小组派一名代表在班内交流体验。

训练三：列举你在成长及生活、工作过程中的一次挫折经历，并对其进行深度分析，然后提出解决办法。

训练四：抗压训练

参加的同学围坐成一圈，然后把身体屈成 90°，用手从背后托起椅子，背在背上。每个人与前面的人保持一定的距离，防止椅子相互碰撞。然后，保持弯腰驼背的姿势。所有学生向顺时针的方向转，跟着前面一个同学。教师提供指导语，想象我们都是一只小小的蜗牛，背上背着重重的壳。

控制行走的速度，不要完成得太快，留出足够的时间体验蜗牛壳的压力。所有的学生走完一圈，回到原地，放下椅子，坐好。

讨论：(1)刚才背上压着东西是什么感觉？

(2)这种感觉在生活中是否也存在？

(3)蜗牛背着它的“房子”，那么，每天压在我们背上的是什么？

学习反思

第六单元 学会恋爱与科学识性

学习目标

1. 了解性心理相关知识。
2. 领会恋爱与爱情的关系。
3. 掌握科学的性知识，培养健康的性心理。
4. 学会正确应对恋爱导致的心理困惑，树立正确的恋爱观。

单元导入

小唐，男，20岁，某大学学生。在一次聚会中，他遇到一个女孩子。女孩热情开朗、能说会道，像花一般甜甜的笑脸给他留下很深刻的印象。整整一个上午，他的眼前一直浮现女孩的笑脸。那一天晚上，他失眠了。以后，他整个人都变了，他想向她表白，又缺少勇气，整日精神恍惚，对学习也没有了兴趣。他脑海中经常浮现出那女孩的影子。当他知道女孩有男朋友后想把她忘掉，却总是失败，他该怎么办？

进入青春期的大学生，随着生理和心理的发展，自然产生了对爱的向往和关注。爱情是人类特有的感情。摆正爱情在人生中的位置，树立正确的恋爱观，是大学生健康成长的必然要求。

第一课 恋爱是什么

恋爱是获得和享受爱情的过程。正确理解爱情，学会处理恋爱中的各种关系，是大学生必须面对的一个人生课题。

一、认识恋爱

也许每个人都对恋爱充满了追求与向往，那么，到底什么是恋爱呢？恋爱，本意指爱恋、留恋。明王廷相《雅述上》中说：生计微则家贫无所恋爱矣。刘半农《扬鞭集·教我如何不想她》中说：月光恋爱着海洋，海洋恋爱着月光。这里的恋爱都是指爱恋、留恋的意思。今特指男女相爱的过程，是人们追求自己心中喜欢的异性，以使两颗心融会在一起的过程。

恋爱分为单恋和双恋。单恋就是一方喜欢上一个不喜欢自己的异性，单恋是非常痛苦的。单恋一方很容易形成心理上的困惑或矛盾，受到痛苦的折磨。双恋是指异性双方彼此喜欢，两颗心相互融会的过程。在这个过程中，思念的牵引将两颗心拉近，真情的澎湃激荡出爱的浪花。成功的双恋会结出真爱的果实，两颗心完全融合在一起，任何力量也不能将其分开。但是在相互爱恋和融合的过程中，双方也可能产生矛盾，再加上现实的诸多障碍，很多双恋也会夭折，这给恋爱双方都会带来负面的心理影响。我们这里所说的恋爱主要是指双恋。

二、恋爱与爱情

恋爱是异性之间在生理、心理和环境因素交互作用下互相倾慕和培植爱情的过程，是两颗心的相互交融。恋爱的双方必须要有爱情才能使两颗心相互融合。什么是爱情？爱情，古往今来，不少思想家研究它，不少文艺作品表现它，但由于阶级不同，社会不同，人们的世界观、人生观和道德观不同，决定了对爱情的回答也不相同。笛卡儿认为，爱是灵魂惊醒时自愿与其爱慕的对象结合时产生的一种情感。英国哲学家休谟认为，爱情就是由三种不同的情感结合而发生的，这三种情感是：由美貌发生的愉快感情，肉体上的生殖欲望，浓厚的好感或善意。把爱情简单地等于“美貌＋性欲＋好感”，夸大并片面强调爱情的自然因素。黑格尔认为爱情是男女双方在“高尚品质”“优美心灵”和“牺牲精神”等方面“同另一个人达到统一”。他片面强调爱情的精神因素，没有把握爱情的社会性。

相关链接

正确理解爱情

爱情是给予不是得到，爱情是责任，爱情是尊重。我们既要学会爱自己，也要学会爱他人。

爱情与恋爱是紧密相连的。恋爱以爱情为前提。首先应该是异性双方彼此产生了爱情然后才会进入恋爱的过程，没有爱情的恋爱只能给双方带来伤害，其过程给人带来的不是快乐而是痛苦。爱情与恋爱的共同点是都要有爱，但两者又是有区别的。恋爱是一个动词，是指一个过程，表示一个特定时期两个异性发生的持续性的特殊行为。爱情则是一个名词，表示两个异性在一个特殊时期存在的一种特殊的持续性的非物质形态的东西。爱情往往是在一瞬间就具有的，可以是单方面的，也可以是双方的，而恋爱是伴随爱情的反应而生成的，分单恋和双恋。但单恋仅仅是一种潜在的情感，基本上没有表现为一种过程。因此，我们一般说的恋爱多指双恋这种情况。在大学校园里，大学生的恋爱千姿百态，有的大学生恋爱是为了尝尝爱情的滋味，有的恋爱是一种从众心理的表现，有的恋爱是为了赶时髦，有的恋爱是为了打发无聊的时光填补心灵的空虚。可见，许多大学生把恋爱和爱情截然分开，将恋爱庸俗化、功利化，这与现代社会提倡的高尚的恋爱观格格不入。

第一次对爱情做出科学概括和总结的是恩格斯，他认为现代的性爱，同古代人的单纯的性要求，同情欲是根本不同的，他揭示了现代爱情的基本特征。据此，我们可以给爱情下一个定义：爱情是指男女基于共同的人生理想和生活情趣而在各自内心形成的对对方最真挚的倾慕，并渴望对方成为自己终身伴侣的最强烈、持久、稳定和专一的两性情感。

相关链接

耶鲁大学社会心理学家斯坦伯格根据激情、亲密和承诺三大要素组成了七种不同类型的爱情。

第一种是喜欢式爱情。只有亲密，没有激情和承诺，如友谊。显然，友谊并不是爱情，喜欢并不等于爱情。

第二种是迷恋式爱情。只有激情，没有亲密和承诺，如初恋。

第三种是空洞式爱情。只有承诺，缺乏亲密和激情，如纯粹地为了结婚的爱情。

第四种是浪漫式爱情。只有激情和亲密，没有承诺。这种“爱情”崇尚过程，不在乎结果。

第五种是伴侣式爱情。只有亲密和承诺，没有激情。与空洞式“爱情”差不多。这里指的是四平八稳的婚姻，只有权利、义务却没有感觉。

第六种是愚蠢式爱情。只有激情和承诺，没有亲密。没有亲密的激情顶多是生理上的冲动，而没有亲密的承诺不过是空头支票。

第七种是完美式爱情。包含激情、承诺和亲密。只有在这一类型中我们才能看到爱情的庐山真面目。

斯坦伯格认为前六种都只是类爱情或非爱情，在本质上并不是爱情，只有第七种才是爱情。我们在现实生活中碰到的类爱情和非爱情的情形很多，以致把具备三要素的爱情基本当作是一种超现实的理想状态。

激情、亲密和承诺共同构成了爱情。缺少其中任何一个要素都不能称其为爱情，具备了三要素的完美式爱情是需要恋爱双方耗尽毕生的精力去培育、呵护的，那是一项贯穿人生的浩大工程。

想一想：你怎样看待大学校园中的谈恋爱现象？

三、恋爱与性爱

心灵故事

小芸是一位大学三年级学生，内秀外美，深得同学们的喜爱。不久前她与小刚一见钟情，很快确定了恋爱关系。小刚有智慧、有能力、有力量、有风度，这使小芸很满足。在热恋时，小刚时常向小芸提出性的要求，他认为缺乏性爱的爱情是不完全的，是缺乏激情与浪漫的。而小芸认为性爱与爱情是不同的，她更需要情感关怀与尊重，但又担心若不答应小刚的要求会被他误解为不爱他，这使小芸陷入深深的矛盾之中。

对于正处于性能量旺盛阶段的青年人而言，要处理好性与爱的关系的确是人生的一大考验。

人们经常把恋爱和性爱联系起来。那么，恋爱和性爱是什么关系呢？性爱是从生理上来讲的，是异性之间的一种性吸引，是为满足性欲的一种行为，是人的本能和原始欲望，是低层次的。现代心理学认为，人的性欲和延续种属的本能是爱情的生物基础。在青春期，随着性的发育成熟，异性之爱萌动了，爱情不可能排斥性欲的成分。性爱是基于人的自然属性而产生的，它承载着繁衍后代和满足性欲的功能。而恋爱是性吸引这种本能和原始欲望的升华，是高层次的。恋爱包含了人的双重属性，即自然属性和社会属性。恋爱更强调它的社会属性，这种社会属性使人们能根据一定的原则和准则来权衡并且调整自己的行为，使复杂的性关系具有高尚的精神。

有了恋爱，才能有性爱。恋爱进入婚姻阶段后，性爱才成为婚姻生活不可缺少的一部分。性爱是恋爱的更进一步，具有隐蔽性，即隐蔽的特点。因此，我们不能将恋爱仅仅理解为性爱，只有性的恋爱，不是真正的恋爱。恋爱中的男女应该拥有爱情，而不应该拥有性爱。

四、恋爱的心理特征

(一)直觉性

直觉性是指热恋中的男女之间往往相互美化、互相吸引，双方都感到顺眼和舒服，“情人眼里出西施”即此道理。这时容易出现“期望效应”，又称自我实现效应，即把自己所希望出现的特征赋予对方，所谓“月移花影动，疑是玉人来”。把自然景物和周围环境都打上了爱情的印记，似乎它们都因为爱而更加光耀。但此时，也可能在学习、工作时心猿意马，注意力不集中，容易出现差错。故应注意控制情绪、放开视野、利用爱情的强大动力互相帮助、共同提高。

(二)隐蔽性

隐蔽性是指言辞含蓄而富有诗意。爱情发展到这个时候，往往是很含蓄、隐蔽的：言辞含蓄而富有诗意，行为隐蔽而富有德行，言谈、举止、表情、行为都体现了一个“爱”字。作为女性，往往希望对方能主动对自己说出“我爱你”三个字，但男性一般更愿意以实际行动来表达他们的爱意。

(三)排他性

排他性是指相爱的双方都不愿意对方再爱其他异性或被其他异性所爱。每个人都只能同一位异性达到身心最深刻、最全面的融合。它表现为对意中人的专一执着、忠贞不渝的心理特点。这种特点对维持爱情的稳定长久很有必要。如果任由恋人与其他异性发展亲密关系，爱情就可能不稳固。这种排他性也是爱情专一特点的表现，说明对待爱情应该是严肃、慎重的。但是排他性发展到极点则会引起对恋人行动的猜疑，造成严重心理负担。大学生较同龄人具有更高的敏感性，能更好地捕捉人的心理活动轨迹，这也增加了发生猜疑的可能性。过度的猜疑、干涉恋人自由必然给自己带来烦恼，还可能导致爱情的破裂，甚至使某些恋人承受不了心理负担而轻生。因此，要处理好恋爱与友谊的关系。爱情虽然具有专一性、排他性，但也要尊重对方的人格，允许对方保持正常的人际交往。

想一想

如何正确处理恋爱与友谊的关系？

(四)波动性

恋爱中的人情绪变化很大，热可达到白热化，冷则骤降至冰点。高兴时喜笑颜开、手舞足蹈，懊恼时垂头丧气。这种大起大落的情绪变化有时会给身心健康带来不良影响。故要通过加强自我修养、不断进行自我完善，减少情绪的波动性。

心灵故事

小E，女，19岁，某高职院校二年级学生。寒假里，男友向她提出了分手，她一直无法接受，感到很伤心、很无助、很不甘心，同时又很压抑。心里总是想着以前两人在一起时开心快乐的时光，现在面对他冷漠无情而又决绝的态度，她总是不能相信那是真的，总是幻想着两个人还能和好。心里很苦、很累，这一两天更是感觉自己快要崩溃了，再也承受不起了。

点评：失恋带来的悲伤、痛苦、绝望、忧郁、焦虑、虚无等情绪使当事人受到伤害。失恋是人生中最严重的心理挫折之一。失恋所引起的消极情绪若不及时化解，会导致身心疾病。失恋是恋爱中遭遇的挫折现象，有些青年为此而痛不欲生。小E应面对现实，接受分手的事实，而不应一味地停留在对过去的回忆以及和好的幻想里；进行积极的自我心理调试，如找亲人或知心好友倾诉，适当地把情感转移到其他的人或事物上，学会辩证地看待问题等；尽快地消除心灵的创伤，恢复心理的平衡与健康。

(五)冲动性

冲动是恋爱中最危险的。热恋时人的认识活动范围往往会缩小，理智分析能力受到抑制，习惯行为受到破坏，此时发生的许多事情与平时可能完全不同。同时，由于控制自己的能力减弱，往往不能约束自己的行为，不能正确评价自己行动的意义与后果。

第二课　大学生如何科学识性

性和爱情紧密相连，性总是掺杂和融合在爱情里。大学阶段是性心理形成的重要时期。正确处理恋爱与性的关系，科学地认识性，促进性心理健康发展，是大学生必须面对的现实问题。

一、性及性心理

(一)性生理的发育

性是指有关生物的生殖或性欲，包含雌性和雄性的个体差异、生物的生殖繁衍。性是人类最基本的生物特征之一。性生理有一个不断发育成熟的过程。人类性生理的发育是随着年龄的增长而不断发展成熟的。在校大学生的年龄在20岁左右，处于性生理发育的成熟期。两性生理的发育有两个明显的标志：一是体征上的变化，如男性骨骼壮大、喉结突出等。二是指功能上的，两性生殖系统发育成熟，男性分泌精液以致出现遗精，女子开始每月规律性排卵，月经来潮。在我国，绝大多数大学生在中学时代就完成了性成熟的关键一步。

(二)性心理的发展

性是人的一种生理现象；在性生理基础上产生的性心理是一种心理现象、社会现象。它伴随着人类社会的生息与繁衍，深刻地影响着人们的身体健康和人格完善以及社会的安定与和谐。这里说的性心理是指人们对“性”的认识、情感和意志的综合反映，是指与人的性征、性欲及性行为有关的心理状况和心理活动，主要包括性感知、性思维、性情感、性意志、性行为及性伦理道德等方面的内容。它是性意识的表现。科学研究表明，直接影响性生理成熟的是大脑脑垂体前叶分泌的性激素。性激素的激活唤醒了性意识的觉醒。人的性心理不是生来就有的，在一岁半到四岁的时候，人就能从外部特征分辨周围人的性别，但却认为性别是可逆的。学龄前儿童已懂得男女性别是不可逆的。但在第二性征未发育前，孩子都处于性无知期，虽知道男女有别，但仍旧两小无猜。性心理的发展是伴随着第二性征的出现、性意识的觉醒而发展的，它会经历四个阶段：

1. 异性疏远期

也称性反感期。青少年在第二性征出现后的1～2年内，他们感受到了两性之间的差异，朦胧地意识到两性的差别，开始有了不安和羞涩的心理，很怕异性注意自己的变化，于是男女彼此疏远甚至以反感的形式，表现为与异性“划清界限”，即使是童年时期亲密无间的异性朋友也较少交往，保持着一定的距离。我们可以把这种现象看作是性意识萌发的一种表现。这种羞于与异性交往的对异性的疏远状态，称作异性疏远期。

2. 异性吸引期

由于性生理的迅速发育和发展，青少年青春发育期的高峰迅速到来，对异性产生好感与爱慕。男女同学之间出现了一种特殊的心理，对异性有了好感，想接触异性。这一般发生在女孩十二三岁，男孩十三四岁以后。这种对异性因好感而接近是青少年性意识发展的重要阶段，也是青春期性意识表现和发展的最长阶段。这时的少男少女开始爱表现自己，男孩乐于在女孩面前展示自己的能力与才华，以赢得女孩的好感与赞许；女孩开始注意修饰打扮，以引起男孩的注意和喜欢。男女相互接近的渴望使他们乐于参加与异性在一起的集体活动，喜欢结伴外出郊游、唱歌、跳舞或参加体育活动等，并对异性表示关心、体贴、乐于帮助异性以获得异性的好感。然而，少男少女毕竟还不懂得应当怎样与异性相处，还不能像成人认识问题那样稳定和成熟，常常没有专一性。

3. 异性向往期

十五六岁之后的青少年向成人过渡加快，性机能日趋成熟。在对异性产生好感的基础上各自形成一个或几个异性的“理想模型”，并在与众多的男女生交往中，逐渐由对群体异性的好感转向对个别异性的依恋，有的还形成一对一的“专情”行动，萌生恋情。

4. 择偶尝试期

高中毕业进入大学的青少年，对异性的爱慕和向往有了比较严肃的选择和排他性，自然而然地进入了恋爱择偶尝试期。男女双方在内心深处都感到异性存在的美好，并渴望用各种方式接近异性，引起特定异性的注意与好感。

大学生的性心理已发育成熟，性意识开始觉醒，感情欲望逐渐增强。许多同学开始注重自我形象，关注异性，渴望与异性交往并希望获得爱情。大学生追求爱情，渴望恋爱是在性生理成熟的基础上的性心理需要。性生理成熟是性心理发展的基础。但有的同学因为欠缺科学的性知识，对自身的性问题感到困惑和疑虑；有的同学因缺乏交往技巧而不知如何与异性进行正常交往；有的同学的单相思和失恋情绪久久不能化解。要解决这些问题，需要对性有科学的认识。

二、掌握科学的性知识

性，作为人类生殖的桥梁和维系爱情的锁链，贯穿于人类发展的全过程。性是人生的基本需要，如果缺乏必要的性科学知识，人们将缺少人生必要的一课，在人生知识方面将成为不完善者。性科学知识的缺乏会导致大学生在生活中难以摆脱某些痛苦、忧郁、烦躁，无所适从，却不知原因何在。有些同学偶尔涉猎到一些性知识，却分不清科学的性知识与黄色淫秽的界限或对性科学知识知之甚少，又不认真思考，往往会引起一系列烦恼和迷茫。性科学知识对促进大学生性心理健康发展起着重要的作用。

人进入青春期以后，生理发育日渐成熟，逐渐萌发和形成性意识，产生性的需求和性的冲动，这是大学生成长中正常的生理和心理现象。性的需求是人的生理本能之一。当人发育到一定的年龄就会有性的需求，即性的欲望。进入青春期的大学生，面对自己的生理变化，普遍表现出对性特征的关注。男性比较注意生殖器的发育情况和身高的变化；女性比较注意乳房的发育和相貌方面的情况。除了对自己的性特征很关注外，对异性的性特征往往也充满兴趣，渴望了解，并有强烈的神秘感。青春期是一个把生理变化和心理变化紧密结合在一起的急速发展的阶段，这是一个不可抗拒的过程。但每个人青春期开始的时间是有差异的，两性在性生理发育中也会遇到不同的问题：男性青春期开始的主要标志是身高、体重和内分泌系统的发育出现了加速的现象，带来嗓音变粗、毛发增多、肌肉生长、“青春痘”出现等一系列生理变化。这些变化的出现会导致自慰、遗精和性梦。女性青春期所遇到的突出问题主要是月经初潮和对自己体像的接受。体像在这里所指的是少女的相貌、体型以及乳房、臀部等第二性别特征。青年期是人一生中性能量最旺盛的时期，大学生正好处于这一时期。性生理的变化会引起性心理的变化。在这段时间里，青年的性心理发展往往表现出矛盾性，主要表现在以下两个方面。

(一)性冲动

性冲动是在性激素和外界刺激的共同作用下所产生的，既是一种正常的生理反应，也是一种正常的心理反应。有相当多的人对性冲动不能持正确的接受态度，从而产生性冲动的自然产生与极力抑制性冲动之间的矛盾。这种矛盾的心理很容易使青年陷入不安之中。其实，性冲动是人的一种生理反应，是性欲望的表现，它是正常的生理现象。我们不必对它惶恐不安，甚至认为是不道德的，感到自己很卑下。同时，我们不能随意发泄性欲。因为人类的性行为既具有自然属性又具有社会属性。我们总是处在一定的社会环境之中的，要学会理智地对待性冲动，将其控制在适度的范围内，也就是控制在社会道德所规范的范围内，使自己的行为要符合文明社会的规范要求，将人的生物性冲动和社会理智、情感有机地统一起来。

(二)两性交往

异性交往是人类生活中不可缺少的重要组成部分。大学生萌发的异性吸引是性心理和性生理走向成熟的必然结果，是一种正常的自然表现。进入青春期之后，大学生一般都会有比较强烈的想与异性交往的心理需求。但很多人又会在与异性交往时感到不自在，如脸红、心跳加快、语无伦次、手足无措等。在与异性交往的过程中，行为表现的矛盾性比较明显。如虽对异性很感兴趣，但表面上却显得无动于衷，甚至采取回避的态度；虽很想体验异性之间的亲昵行为，但表面上似乎又很讨厌亲昵。在与异性交往时，首先要端正动机，既不能将异性同学之间的关系仅仅理解为两性关系，也不能回避与异性同学的交往。科学地认识两性关系，特别是在恋爱双方之间应正确处理性与爱之间的关系，以科学的态度看待性，自觉抵制低级、庸俗的行为，使两性交往在和谐、健康的氛围中进行。

三、培养健康的性心理

(一)什么是健康的性心理

世界卫生组织对性心理健康所下的定义是：通过丰富和完善的人格、人际交往和爱情方式，达到性行为在肉体、感情、理智和社会诸方面的圆满和协调。结合大学生的特征，我们认为性心理健康是指个体性心理发展符合正常程序，男女青年有正常的性情感趋向，能接受社会公认的伦理道德观念，对性情感的调适能与个人学业、前途相协调。健康的性心理对个体的健康成长有着积极的作用。它有利于个人精神健康，有利于两性间的健康交往，有利于纠正性心理偏差，有利于建立精神文明的社会风尚。健康的性心理是一个人良好适应状态的标志，它包含以下内容。

- 对自己的性生理能力和调节能力有科学的、正确的评价，并对自己创造符合社会道德规范的和谐性活动充满信心。
- 向往、渴望两性之间的正常交往，并能从中得到心理满足，能自觉地根据自身状况调节活动的方式和频率。
- 具有抗干扰和性诱惑的能力。

(二)性心理健康的标准

依据大学生性生理的成熟和性心理发展情况，以及他们的文化知识层次和社会角色的特殊性，当代大学生的性心理健康标准主要有：

1. 性观念适中

即具备一定的性生理和性心理知识，在性认知和性意识上既不保守又不主张完全的性自由和性放纵，注重树立正确的人生观、价值观、婚恋观和性道德观。

2. 具备健全的心理素质

这是培养健康的性心理的基础和重要条件，具体表现在以下六个方面：一是给对方的爱不计回报，没有无理要求，只是真诚的给予。二是对自己总是充满自信，在任何时候、任何情况下都能悦纳自我。三是对他人通常给予信任，尤其是对自己所爱的人，更多的是信任而不是猜疑。四是理解和尊重对方，特别是当对方的兴趣或意愿与自己不相符时，能够站在对方的角度进行换位思考，设身处地、将心比心地去帮助自己心爱的人，以增进感情的沟通与共鸣。五是能够宽容对方，尤其是当对方确实做错了事的时候，能够用真诚的情感给对方以心灵上的关心与抚慰。六是能够做到既专注于异性的爱又有自己独立的人格要求，不轻易被他人所左右。尤其是在恋爱受挫时，能够不缠绵于往日的旧情，而是坚强地抵制情感打击并重新调整好自己的心态，积极投身于紧张的学习和工作中去，寻觅“柳暗花明又一村”的美好感觉。

3. 能够自我克服不健康的性心态与性行为

如恋爱中的单相思、草率恋爱、感官满足和功利满足、不文明的恋爱方式，以及同学之间的嫉妒、猜疑或恋人之间的相互控制，这一切都会严重地影响正常的学习和同学之间的友谊，能够自我克服是性心理健康的表现。

4. 注重塑造完整统一的人格

表现为不自作多情，对待恋爱理智并慎重，能够适当控制自己冲动的感情，恋爱过程中言谈举止文雅、大方、平等相待、不粗俗，并适当地保持心理距离，勇于拒绝不如意的异性追求等。

5. 注重培养自己爱的能力和责任

注重培养接受爱的能力和给予爱的能力，还包括以恰当的方式拒绝爱的能力以及发展爱的能力。因为每个人的恋爱不仅要对自己负责也要对对方负责，更要对全社会负责。

6. 能够认真接受性心理卫生与健康教育

主动矫正性态度，积极预防性变态，树立正确的性观念和爱情价值观。

(三)培养健康的性心理

培养健康的性心理不仅有助于大学生的成长与成才，更有助于加速其在性心理成熟的基础上发展健康的恋爱心理与行为，为今后创建美满、和谐、幸福的家庭生活奠定基础，为新时代的社会主义精神文明建设起到推动和促进作用。

1. 愉快地接纳自己的性身份

男女两性在生物学上的差异，决定了男女性别上的根本差别。但是，由于家庭教养不当或社会不平等看待等原因，使个别青少年不能愉快地接纳自己的性身份。有的男孩说话尖声尖气，做事扭扭捏捏，没有男子汉气概，更有甚者，希望自己是个女孩。有个别女孩，对自身的生理变化缺乏思想准备，对女性月经、怀孕及其他女性生理现象极度厌恶，希望自己是个男性，从而给性身份的接纳带来困难。正确对待和接纳自己的性身份，关系到个人身心健康及成年后的幸福。每个大学生不但要承认性身份，而且要愉快地接纳性身份。无论男性或女性，都能发挥特长，为社会做出贡献。每一位大学生都要追求和自己的性身份相吻合的言谈举止，追求与性身份相符合的健康美。有意识地模仿异性的行为举止，是一种心理偏离现象。

2. 恰当地调适自己的性情感

随着性生理发育的成熟，大学生不但对自己的性身份有了进一步的认同，而且往往会出现一些微妙的心理变化和特殊的情绪体验，即所谓的“性觉醒”。出现这种心理现象是正常的，也是人生的必经阶段。但由于青年人的情绪不稳定，缺乏生活经验，往往会出现偏激、冲动等不良情绪和行为，特别是在对异性产生倾慕、依恋之情时。因此，培养理智感，做感情的主人，对青年人而言尤为重要。当对某一异性产生好感时或收到某一异性表示好感的来信时，你是否能权衡利弊得失，寻找对策，妥善处理与异性朋友的关系？你也许会感到痛苦、失望，但当你用正确的思维控制住自己的情感，让心潮尽快平复，走出低谷，珍藏好情感，专心致志于学习或投身其他有益的活动，用远大的理想充实胸怀，让渊博的知识丰富头脑时，生活就会变得更加充实。

3. 自觉抵制淫秽物品的诱惑

踏进青春期的大学生，由于性意识的觉醒，必然遇到一些与性有关的问题或产生某些困扰。这时，如果饥不择食地从书报杂志或影视中去寻找答案，不健康的甚至淫秽读物与影视就会趁机而入，腐蚀我们的灵魂。

一些低级、庸俗的书籍和影视作品，极力渲染色情暴力或宣传一些不科学的性知识，会给大学生的生理与心理的发展带来负面影响。因此，要选择科学性强的性知识读物，帮助我们从医学和健康卫生的角度去了解性心理知识，学会自我保健的方法。

第三课　大学生如何正确恋爱

大学生恋爱是大学校园里的热门话题，对待爱情的不同态度，恋爱的不同行为方式，取决于不同的恋爱观，我们只有树立了正确的恋爱观，才能处理好恋爱与学业、爱情与婚姻的关系。

一、大学生恋爱的类型及特征

(一)大学生恋爱的类型

大学生恋爱是在特定的时间、特定的阶段，彼此在一起学习时产生的。因恋爱动机不同而使大学生恋爱呈现出多样化的趋势，归纳起来，主要有以下几种类型。

1. 比翼双飞型

这类学生基本上具备成熟的人格，有正确的恋爱观，能够以理性引导爱情，正确处理恋爱与学习、感情与爱情、情爱与性爱的关系。双方都有较强的事业心、进取心和自控能力，有共同的理想抱负、价值观念，把事业的成功作为爱情持久的目标，不仅仅把恋爱看成人生的快乐，而且能把幸福的爱情转化为学习和工作的动力。他们认为，恋爱不仅应该促使双方进步，而且应该促进双方的成长。

2. 功利满足型

这类是以对方的门第、家产、地位、名誉、处所、职业、社交能力、驯服度等为恋爱的前提条件的。这类学生着眼于对方可以给自己带来的实惠、利益，因而重视对方的经济条件、权力大小、门路多少、对自己有无实际的用途等。如进入大学后，毕业去向是大学生最为关注的主题，恋爱无可非议地糅进了毕业动向的条件。同时，家庭条件和对方的发展前途也是各自关注的必不可少的条件。一些大学生彼此间的爱慕与向往也许并不强烈，但却有确定的生活目标。大学三年级是这类恋爱的高潮期。他们认为这时处朋友、谈恋爱，彼此都有一定的功利倾向。这种恋爱是理智的、现实的，确定恋爱关系引起的争议也比较少，但由于缺乏爱情的基础，这类恋爱很难长久维持下去。

3. 时尚攀比型

当代大学生恋爱风气日盛。在大学校园里，恋爱成为一种时尚。当周围的许多同学有了异性朋友时，有些本来没有恋爱打算的人也卷入了恋爱的潮流。一些男同学为了不使自己显得无能，一些女同学为了证明自己的魅力，也学他人的样子匆匆地谈起了“恋爱”。由于目的性不强，缺乏认真的态度，常常是跟着感觉走，把谈恋爱看成是一种精神上的补偿，常以“因为没想那么多”为借口而各奔东西。这种恋爱带有很大的随意性。

4. 消遣空虚型

这类学生是用恋爱来打发无聊的时光，填补心灵的空虚。他们在精神上不太充实，同性朋友较少，时常感到孤独、烦闷。为了弥补精神上的空虚，急于与异性朋友交往，“恋爱”成为一种近景性的精神需求。在这些大学生看来，大学生活枯燥乏味，学习的业余时间无事可做，尤其是周末，当寝室的室友成双成对地走出校园，自己形单影只，太难打发休息的时间，有一些同学就产生了一种空虚得想谈恋爱的感觉。他们认为恋爱可以使枯燥的学习生活变得多姿多彩，也可以使孤独的心不再寂寞。女生的这种心理体验尤为明显。据报道，有一所大学的一个班的全部女生在大学二年级时就都有了“相恋对象”。用她们自己的话说：“我其实不是真的在谈恋爱，只是生活太乏味了，又没有知己，想找个伴畅快畅快。”

5. 追求浪漫型

这类学生情感比较丰富，喜欢幻想，罗曼蒂克的爱情对他们有着强烈的吸引力，对爱情浪漫色彩的追逐和窥探心理日趋强烈。他们并非不尊重爱情，而是觉得出没于花前月下的刺激比爱情的责任和义务更富有色彩和韵味。与这种韵味相比较，人物自身的品质被淡化了。他们追求和接受爱情时，对爱情的缠绵有较深的体验并乐在其中，时时沉浸在两人世界里，忘却了集体，甚至忘却了学业。

6. 相似吸引型

由于在某种或某些方面有共同的个性、兴趣和爱好，从而慢慢地走到一起，互相爱慕，成为恋爱伴侣。

(二)大学生恋爱的特点

1. 重过程轻结果

不求天长地久，但求曾经拥有。大学生恋爱出现轻率化的现象，大多不太注重恋爱的最后结果，却非常强调恋爱时的感觉，看重恋爱的过程。他们在与异性交往方面更加注重情感上的快乐，不太看重恋爱的成功与否，甚至有的大学生认为恋爱和婚姻无关。据一项对北京、上海等 9 个地区 12 所大学 3360 名在校生的调查发现：大学期间有过恋爱经历的占 70%，其中 37.4%的大学生谈恋爱的动机在于消除寂寞，57.6%的大学生认为谈恋爱的目的不是婚姻。他们把恋爱当作一种感情体验、及时行乐，借此寻求刺激，满足精神需求。一些大学生为了充实课余生活，排除寂寞，填补空虚，把恋爱当作一种消遣。这种行为实质是只强调爱的权利，而否认了爱的责任。

2. 情绪大于理智

相当一部分大学生谈恋爱不能理智地处理学业和爱情之间的关系。虽然从理性上都知道学业是第一位的，总想把学业放在首要位置，但这只是大学生主观上、思想上的愿望而已。在实际行动中，一些大学生用于恋爱的时间远远多于学习的时间。他们坠入情网就不能自拔，强烈的感情冲击一切，学习受到严重影响。大多数大学生在不知不觉中变得“儿女情长，英雄气短”，成就事业的热情一天天冷却，爱情逐渐成为生活的唯一追求。

3. 重权利轻能力

“强调爱的权利，缺乏爱的能力”是大学生恋爱中普遍存在的现象。大学生中的恋爱大都是激情碰撞下的初恋，在激情平息之后，却不懂得如何培养爱情。在爱与被爱的磨合期显得笨手笨脚，往往造成对彼此的伤害。轻易恋爱，轻易分手，强调爱的体验，负不起爱的责任。

4. 恋爱观念开放，传统道德淡化

随着对外开放的范围不断扩大，大学生的恋爱观也逐渐变得开放起来。有的同时与多个异性保持恋爱关系，有的受西方“性解放”的影响出现婚前性行为，中国传统文化及伦理道德观念逐渐淡化。

二、大学生恋爱的心理困惑

爱情是一种很奇妙的情感，它常常不期而至，又往往变化无常。对于文化水平较高、情感体验较为丰富的大学生来说，校园爱情是他们大学生活中重要的一课。但许多大学生在恋爱时往往会出现一些心理困惑，主要表现在以下几个方面。

(一)单恋与爱情错觉

单恋是指异性关系中的一方倾心于另一方，却不被对方知晓和接受而造成的一相情愿或对恋爱的渴望，这是单方面的“爱情”，俗称“单相思”。它仅仅是个体单方面的爱恋而无法发展成双方相恋的状态，是一种深沉而无望的爱情。爱情错觉则是指在异性间的接触往来关系中，一方错误地认为对方对自己“有意”或者把双方正常

的交往和友谊误认为是爱情的来临。爱情错觉是单相思的另一种形式，它常会使当事人想入非非，自作多情。

单相思与爱情错觉都是恋爱心理的一种认知和情感的失误。青年大学生心理尚未完全成熟，单恋现象比较常见，且较多地出现在性格内向、敏感、富于幻想、自卑感强者身上。单相思使某些大学生陷入痛苦的境地，处于空虚、烦恼，甚至绝望之中。处理不好对以后的恋爱婚姻生活都会有消极的影响。因此，陷入单相思的大学生要及早止步另作选择。要想克服单相思和爱情错觉，重要的是正确理解爱情的深刻含义，同时用理智驾驭情感，尊重对方的选择，不可感情用事。

(二)爱情的理想与现实的差距

由于受到影视、文学作品对美好爱情描述的影响，大学生在涉足恋爱之前，对爱情充满了向往和渴望，择偶标准理想化，把恋爱对象想得很完美。但开始恋爱后，很多现实问题就会摆在面前，他们会发现爱情并不是想象的那么美好。爱情的理想与现实的差距让人感受到一种无以名状的失落，导致在心理上产生困惑。

(三)恋爱中的感情纠葛

大学生虽然在性生理上发育成熟，但他们的性心理还有待发展。恋爱双方对于恋爱过程中可能出现的矛盾缺乏足够的思想准备和处理能力。因此，当恋人之间发生矛盾、误解和猜疑时，他们难以以理性的态度来对待，往往情绪化地处理，给双方都会带来伤害。

(四)失恋

失恋是指一方否认或中止恋爱关系后给另一方造成的一种严重的心理挫折，是恋爱过程的中断。从心理角度来看，失恋是大学生最严重的挫折之一，会引起一系列的心理反应，如难堪、羞辱、失落、悲伤、孤独、虚无、绝望和报复等。失恋所引发的消极情绪若不及时化解，会导致身心疾病，如忧郁、自卑等，严重者甚至采取报复乃至自杀等方式来排解心中的郁结。

心灵故事

小B，男，20岁，某高职院校三年级学生。面对女友向其提出分手，他痛苦万分。某日中午在教室用特意买来的一把大菜刀将自己的一截手指砍下。事发后被同学及老师及时送往医院急救。

点评：小B面对失恋的挫折和打击，没有采取积极的应对方式进行自我心理调节，而是采取消极和毁坏性的方式来应对，不仅于事无补，反而加深了对自己以及对父母、亲人的伤害，甚至会对社会造成负担和影响。大学生应理智地对待失恋，积极面对、正确对待、冷静处理，尽快消除心灵的创伤，保持心理的平衡和健康。

三、树立高尚的恋爱观

(一)平等互尊，以所爱者的互爱为前提

在发展爱情关系中，男女双方始终处于平等的地位。这意味着双方不管在体貌、才华、社会地位等客观因素上有多么大的差异，但在情感和心理上，双方都应平等地表达自己的意愿。尊重对方的人格，彼此能够达到坦率地相知、真诚地相处、纯洁地相爱。双方平等互尊，是爱情关系得以建立和巩固的重要基础。离开了这一点，无论是恋爱还是婚姻，就剩下空有其表的形式，真正的爱情也就变味了。

(二)恋爱要严肃认真、感情专一

爱情是异性之间的爱慕关系，这种关系包括自己特有的感情和义务。它只能存在于恋爱双方之间，不容许第三者介入。而且，恋爱不是儿戏，双方都要真诚相待、实事求是地对待自己，也实事求是地对待对方。尽管每个人都有选择理想伴侣的权利，但一旦确立了稳定的恋爱关系，双方就应把感情的注意力集中在对方一个人身上，这样才能使爱情日益加深。有人认为，既然婚姻的自由选择是允许的，那么“脚踏两只船”“四面撒网，重点培养”也是可以的。这是对恋爱自由和爱情专一的误解。恋爱自由是有选择恋爱对象的自由，不受任何外来因素的干扰；爱情的专一是在选择了恋人之后，有尊重恋爱对方感情的道德责任和道德约束。特有的情感和义务只存在于恋爱双方之中。如果喜新厌旧、朝秦暮楚，就会使自己和对方陷入无止境的悲剧中。正如陶行知先生所说：爱之酒，甜而苦。两人喝，是甘露。三人喝，酸如醋。随便喝，毒中毒。人们对自己自主选择的结果承担着相应的责任。只强调选择而不准备用行动承诺爱情责任之人，戏弄人生的结果只会被人生所戏弄。无数事实证明，用欺骗手段骗取爱情，是不会幸福的。双方一旦建立了恋爱关系，就要忠贞专一、一心一意，不能三心二意、见异思迁。

(三)勇于承担爱情的责任，相互奉献

在某大学的一次调查中显示，谈恋爱的学生中希望与伴侣结婚的不到60%，反映出大学生恋爱责任感很低。爱不仅是一种权利，更是一种责任和义务，必须以高度负责的态度对待恋爱。爱的权利和义务是不可分割的，只强调爱的义务，无视人有爱的权利，那是对人性的奴役，必须予以否定。然而，如果从一个极端走向另一个极端，只强调爱的权利，而不承担爱的责任，就陷入了非理性主义的泥潭。因此，大学生在恋爱中应该懂得：爱情是一种责任和奉献。真

> **相关链接**
>
> 当代大学生要努力培养爱的能力和责任：
>
> 1. 迎接爱的能力，包括施爱的能力和接受爱的能力。
>
> 2. 拒绝爱的能力。对自己不愿或不值得接受的爱要有拒绝的勇气。
>
> 3. 培养爱的责任，发展爱的能力。培养善于处理矛盾的能力，有效地化解、消除恋爱中的矛盾和纠纷。

心相爱的男女双方，不会有庸俗的盘算，更不会斤斤计较对方能给自己带来什么。相反，自己在内心深处希望能为对方分担什么、化解什么。爱情的无私表现在给予而不是索取。无私的奉献、磊落的胸怀是爱情生活获得美满的源泉。一个只为自己的幸福而对对方百般挑剔、过分苛求的人，不可能有真正的爱情，也永远不会找到幸福的归宿。大学生一旦进入爱的王国，就必须具有强烈的责任感和奉献精神，才能获得崇高的爱情。

(四)理智、高尚地处理激情

没有激情的爱情是不完美的。但失去了理智的激情最终品尝的可能是苦果。沉溺于卿卿我我的感情而不能自拔，不但无助于爱情的巩固，而且会背道而驰。大学生正处于性生理和性心理发展的高涨时期，在热恋中容易激情难抑，缺乏理智。为了对自己负责，对对方负责，当热恋降临之时尤其要有冷静而清醒的头脑。高尚的爱情是理智而深沉的，这种爱是奋斗的力量，是自律的意志，是幸福的保障。爱恋的过程充满激情，但这种激情的表达方式是端庄文明、持之有度、健康发展的。

(五)真诚、理解和信任

在恋爱过程中，双方应多一些理解、信任和宽容，互相尊重，共同进步。双方的理解和信任，是爱情长久发展的牢固基石。爱情是互爱的统一，相爱的双方都有着自己独立的人格和精神世界，既不能完全依附对方，也不能要求完全占有对方。爱情与做人一样，理解、信任、诚实和宽容都是十分可贵的品质。爱很多时候意味着是一种付出，要相知、相敬、相让。因此，恋爱双方要互相信任、互相理解，不要无休止地互相窥测、互相考验。过度的考验是伤人害己的，无端的猜忌是自寻烦恼。如果少了理解和信任，爱情之舟就不能划向幸福的彼岸。

(六)摆正爱情与学业的关系

爱情是美好的，它是人生内容的重要组成部分，但不是人生的全部，它应该服从于事业和学业，促进学业和事业的发展。一个人只有学业和事业取得成功，其爱情之花才会开得更加鲜艳芬芳。大学生应把学业放在首位，摆正爱情与学业的关系，不要把宝贵的时间全部用于谈情说爱而放松了学习。没有事(学)业的爱情如同在沙漠中播种，缺乏坚实的根基和土壤，迟早会枯萎。只有爱情同事(学)业的结合，爱情才有旺盛而持久的生命力。

思考与练习

1. 你是怎样看待大学生中的恋爱现象的？
2. 如何正确处理恋爱与性爱的关系？
3. 当恋爱出现挫折时，应怎样处理？
4. 大学生应树立怎样的恋爱观？
5. 你对性有什么认识？在性生理发展的过程中有哪些困惑，是如何排解的？

6. 阅读与思考。

某甲是一名女大学生，性格内向。不久前她与一男生恋爱了。她第一次尝到了爱情的温馨。然而，当她还沉浸在甜蜜的爱情之中，爱得刻骨铭心时，却突然失恋了！男生认为他们之间缺少共同语言，性格不合，如果长此下去，双方感情会很淡漠，于是提出分手。她很失望、痛苦。她不理解，为什么昨天他们还是花前月下，今天却分手了。

请思考：

(1)你认为某甲失恋的原因是什么？

(2)怎样才能排除失恋后产生的不良心理？

(3)你有什么方法帮助她跨越失恋的痛苦？

拓展训练

重返泰坦尼克号

我们一起进入这么一个情景：我们带着生命中最重要的亲情、爱情或财物登上了豪华游轮泰坦尼克号，轮船载着我们起航了，船在海上快速地航行，黑夜中泰坦尼克号撞上了冰山，此时，你身边带着生命中最重要的亲人、恋人或财物，船在下沉，你首先会舍弃什么？船继续在下沉，你又会舍弃什么？船还在下沉，你还会舍弃什么？生命中最后的坚持，你舍不得的是什么？

请同学们分享：

1. 危难时刻，你首先放弃的是什么？为什么？

2. 生命中最后的坚持，你舍不得的是什么？为什么？

学习反思

第七单元

大学生学习心理

学习目标

1. 了解学习的含义。
2. 了解学习的相关理论。
3. 领会大学学习的特点。
4. 运用学习心理规律改进学习方法。
5. 掌握克服不良学习心理的方法，提高学习效率。

单元导入

王帅(化名)，男，19岁，某高职院校会计专业大一学生。王帅是高三复读一年后参加高考的，本以为自己至少可以上二本院校，没有想到高考成绩不理想。他的家长说不能再复读了，经济压力很大，他只好选择了来高职院校上学。他觉得和高中时的同学相比自己根本无法抬起头来，非常丢人。他选择的专业是会计专业，只是因为听说会计专业毕业以后好找工作。可是王帅根本不喜欢这个专业，老师上课讲专业基础课的内容他一点都听不懂。上课将近两个月，他越来越觉得自己不能再读这个专业了，这会把自己毁在这里的。看着同学们认真地做笔记、写作业，他更加心慌。可是他却要装作满不在乎的样子，故作潇洒地躺在床上玩手机。或者干脆去校园里逛来逛去。每次去上课心中都很纠结，不想进教室。

头脑不是一个要被填满的容器，而是一把需要点燃的火把。没有目标，学习倦怠，这是像王帅这样的一些高职新生面临的普遍问题。面对未来三年的学习生活，他们该怎么办?

第一课　学习与大学生学习

学习是人最基本的需要之一，也是人的本质特征之一。未来的文盲，不再是目不识丁的人，而是不知道怎样学习的人。这里所讲的学习，不是指记忆大量的知识，而是掌握学习的方法，即知道为什么学习和怎样学习。

一、学习的含义

学习是有机体普遍的心理现象，它是一种复杂的心理过程。从婴儿生活行为的获得到科学技术的创造发明，从猴子学人做小动作到马戏团的动物表演都是学习。从这个意义上说，学习有广义和狭义之分。

广义的学习，是指人和动物的经验获得及行为变化的过程。这个概念包含以下含义。

第一，学习是一种行为，但不是本能的行为，而是习得行为。如鸟儿筑巢、鸭子游泳、蜜蜂采蜜等行为就是本能行为，不是习得行为，不属于学习的范畴，而猴子骑自行车、海豚顶球、猩猩搬凳子把自己垫高拿走香蕉等行为则是习得行为，属于学习的范畴。

第二，学习在行为或心理上产生的变化，是一种持久的变化。比如，我们学会了开车、游泳、滑冰等行为后，这些技能是终身不忘的。而药物、疲劳等因素虽然也能引起行为的变化，但这种变化不是持久的，是短暂的，则不是学习。

第三，学习产生的变化是由于经验反复所引起的。一些自然现象也可能引起某种变化，如成年人的肌肤会逐渐失去弹性，这种变化是由于有机体的发育引起的，与经验无关，不能称之为学习。因此，不能说引起有机体行为相对持久变化的行为都是学习，只有当这些变化是经验反复引起的时候，造成这些变化的行为才是学习。

第四，学习产生的变化可以是外显的行为上的变化，也可以是内隐的心理上的变化。如打球、编织、跳舞等技能的学习，我们可以从行为上推知学习已经发生了。当人们通过学习获得理论、知识、观念等的时候，我们就不能从行为变化来判断学习行为发生与否，正如不能因为学生考试成绩不好就判定他学习不用功一样。

可见，广义的学习是动物和人类所共有的心理现象。学习不是本能活动，而是后天习得的活动，是由经验或试验引起的。任何学习都将引起行为的变化，包括外显行为的变化和潜在的个体内部经验的变化，这些变化是相对持久的。但是学习并不包括所有个体一切持久的变化，那些不是由于经验反复形成的，而是因为生理机能所导致的变化不属于学习。

狭义的学习指人的学习，指人在社会实践过程中，在与他人的交往过程中，以语言为中介，自觉地掌握社会历史经验的能动过程。人的学习和动物的学习有着本质的不同。首先，人类的知识不是以遗传的方式，而是以个体掌握或学习的形式来传递的。其次，动物的学习局限于消极的适应环境，而人的学习不仅自觉而且主动，还要对客观环境施加影响，发挥自己的积极能动作用。最后从学习的形式和内容来看，人不仅以直接经验的方式获得个体经验，还以间接经验的方式去掌握前人获得的经验，而且主要是获得间接经验，其学习机制依靠的是第一信号系统和第二信号系统，且主要是第二信号系统；动物的学习是获得直接经验，依靠的是第一信号系统。

学生的学习是狭义学习的一种特殊情况，不同于一般的人类学习，是指在学校教师有目的、有计划、有组织、有系统的指导下，以掌握一定的系统的科学知识和技能，形成一定的价值观、世界观和道德品质为主要任务的学习。

二、学习的经典理论

学习理论是有关学习发生机制的理论。它研究的问题有学习是如何发生的、其规律是什么以及影响学习的因素等。心理学界有四种较有代表性的学习理论，即联结派的学习理论、认知派的学习理论、联结—认知派的学习理论和人本主义的学习理论。

(一)联结派的学习理论

联结派的学习理论最早是由桑代克提出来的，后经巴甫洛夫、华生、斯金纳等人的进一步发展，而成为一个较为完整且影响较大的学习理论。联结派的学习理论是用刺激与反应的联结即条件反射来解释学习过程的，强调的是刺激与反应之间的联结过程。这种理论认为学习的机制是利用依靠尝试错误而建立的直接的、无中介的联结来进行的，强调外在的刺激与外在的反应及其外部强化，忽视了学习主体的内部能动因素。

相关链接

巴甫洛夫的经典条件反射实验

巴甫洛夫用一定频率的节拍器声响(条件刺激)与肉粉(无条件刺激)结合，多次给狗喂食。原先只有肉粉才能引起狗的唾液分泌(无条件反应)，后来节拍器单独出现时也可以引起狗的唾液分泌反应。也就是说，当条件刺激与无条件反应之间形成了稳固的联系时，狗在此情境中能分辨一定频率的节拍器声响，学习就出现了。

图 7-1　经典条件反射实验装置图

（二）认知派的学习理论

与联结派的学习理论强调外在的刺激和外部强化相反，认知派的学习理论强调的是学习的内部过程和认知结构的建立，其主要代表人物及理论有：苛勒的顿悟说、布鲁纳的认知发现说、奥苏伯尔的认知同化论等。苛勒以黑猩猩做了两个著名的实验："箱子问题"，黑猩猩把两三个箱子叠起来并站上去摘挂在高处的香蕉；"棒子问题"，黑猩猩把短棒接起来打下高处的香蕉。通过实验，他认为学习并非是简单的刺激—反应联结，也不是侥幸的试误，而是通过对学习情境中事物关系的理解构成一种完形而实现的，是通过有目的地主动了解和顿悟组织起来的一种完形。布鲁纳认为，学习是一个认知过程，是学习者主动地形成认知结构的过程。他强调已有认知结构、学习内容的结构、学生独立思考等的重要作用。奥苏伯尔的认知同化论认为，"学习是认知结构的重组"，学习变化的实质在于新旧知识在学习者头脑中的相互作用。学习是一种有条件的、有意义的接受学习，是通过同化过程实现的。

（三）联结—认知派的学习理论

联结—认知派的学习理论是联结派和认知派的折中，其代表人物和学说是托尔曼的认知目的论和班杜拉的社会学习论等。托尔曼认为刺激与反应的联结是间接的，其间存在一个中介变量，即心理过程。因此，学习所建立的联结应该是刺激—心理过程—反应。他还认为学习是有目的的，外在强化并不是学习产生的必要因素，没有强化也会出现学习。班杜拉的社会学习理论强调外显的行为及其强化，也强调观察学习和内部认知过程，认为个体、环境和行为三者是一个整体，人类可以通过观察他人（即榜样）的行为进行学习，而观察学习受到注意、保持、动作复现和动机等一系列心理过程的支配。

（四）人本主义的学习理论

人本主义心理学兴起于20世纪五六十年代之交的美国，主要代表人物和理论是马斯洛的需要层次理论与罗杰斯的人本主义学习观等。

马斯洛将人的需要分为五个层次：生理需要、安全需要、社交需要、尊重需要、自我实现的需要。五个层次之间存在着递进规律，在较低层次的需要得到满足之前，较高层次的需要强度不会大，更不会成为主导需要。当较低层次的需要获得相对满足后，下一个层次的需要就占据了主导地位，成了驱动行为的主要动力。由于每个人的需要结构发展状况不同，在学习的过程中其地位和作用也不同，应该根据具体的需求来安排学习的内容和进程。

罗杰斯的学习理论可以概括为以下几点：①学习是有意义的心理过程，而不是机械的刺激和反应联结的总和。②学习是学习者内在潜能的发挥。③从学习的内容上讲，罗杰斯认为应该学习对学习者有用的、有价值的经验。④最有用的学习是学会如何进行学习。罗杰斯特别强调对学习方法的学习和掌握，强调在学习过程中获得知识和经验。

人本主义心理学家从自然人性论、自我实现论出发，在教学实践中倡导以学生经验为中心的“有意义的自由学习”，以情感作为教学活动基本动力的新教学模式，以学生的“自我”完善为中心，强调人际关系在教学过程中的重要性，将教学的重心由教师转到学生，从而促进了个别化教学的发展。

三、大学生学习的特点

大学生学习是人类学习的一种特殊形式，它与人类的一般学习不同，与中小学生的学习活动也不同。大学生在心理上是智力发展的高峰期，加上专业化的教育，使得大学生的学习活动同中小学学生的学习活动有明显不同之处。并且，随着时代的发展，市场经济的深入，当代大学生的学习活动体现出新时代的特征，在学习内容、学习方法、学习目的等方面都有一些新的特点。

(一)学习内容的专业性和职业性

专业性是指大学生的学习有一定的专业指向性。大学教育是专业教育阶段，大学生在进校前后的一段时间内，必须根据自己的爱好、兴趣、特长和学校的培养方向选择学习的专业。在当前的教育条件下，入学时对专业志愿的选择，只是确定了一个大致的专业方向，具体的专业方向是在学习过程中甚至是在工作过程中进一步确定的。

大学生的学习体现出较强的职业倾向，要为大学生今后的职业生涯打下基础。大学生在学习过程中必须掌握该专业必需的理论，学会与该专业有关的基本技能，进行相应的社会实践活动，同时拓展自己的知识面，做到“一专多能”，以适应社会对人才的需要。

(二)学习目的的探索性与创造性

大学生学习不是一般的专业知识和技能的了解，除了掌握基本理论和技能外，还要提高本专业的理论和技能的水平，研究与其他知识、技能的关系等，这就决定了大学生的学习具有创造性和探索性。探索性是指大学生在学习过程中对书本结论之外的新观点进行寻求和钻研。大学生不但要掌握所学的知识，而且要掌握知识形成过程，了解学科发展的状况、存在的问题等，掌握科学的研究方法和培养独立思考、探索创新的精神。创造性强调的是大学生学习的学以致用，理论和实践的结合。大学中许多科研和理论都处于学科发展的前沿，大学生通过了解和掌握相关研究动向，激发自身的创造热情和能力。当前出现的大学生科技发明热就是有力的证明。

(三)学习过程的自主性和自觉性

自主性和自觉性是大学生在学习过程中主观能动性的表现。老师讲课仅仅是大学生学习过程的一个环节，课后的理解、消化、巩固等其他环节主要靠学生独立完成，这就需要学生具有较强的主观能动性，而不能像中学生那样由老师布置、检查和督促。具体来说，学习从中小学阶段的依赖性和被动性转变为大学阶段的自主性和自觉性，其表现如下。

● 学习内容由老师讲授到超越老师讲授的范围，向知识的纵深和横向两个方面探求。

● 课外学习计划和时间、学习方法和活动从被动听从安排转变到学生自己决定。

● 自学能力已成为决定大学生学习效果的主要能力因素。

● 学习方法从以记忆为主的再现型转变为理解为主的应用型。

相关链接

写在新生入学时：大学应学之一(自修之道)

(这篇文章摘自李开复在他的博客中写给大学新生的一封信。他在信中告诫大学生，学会自学是大学生活最重要的事情之一。

http://blog.sina.com.cn/s/blog)

大学四年应该怎样度过呢？我们首先来看看自修之道：从举一反三到无师自通。

记得我在哥伦比亚大学任助教时，曾有位中国学生的家长向我抱怨说："你们大学里到底在教些什么？我孩子读完了大二计算机系，居然连 VisiCalc 都不会用。"

我当时回答道："电脑的发展日新月异。我们不能保证大学里所教的任何一项技术在五年以后仍然管用，我们也不能保证学生可以学会每一种技术和工具。我们能保证的是，你的孩子将学会思考，并掌握学习的方法，这样，无论五年以后出现什么样的新技术或新工具，你的孩子都能游刃有余。"

她接着问："学最新的软件不是教育，那教育的本质究竟是什么呢？"

我回答说："如果我们将学过的东西忘得一干二净时，最后剩下来的东西就是教育的本质了。"

我当时说的这句话来自教育家 B. F. Skinner 的名言。所谓"剩下来的东西"，其实就是自学的能力，也就是举一反三或无师自通的能力。大学不是"职业培训班"，而是一个让学生适应社会、适应不同工作岗位的平台。在大学期间，学习专业知识固然重要，但更重要的还是要学习思考的方法，培养举一反三的能力，只有这样，大学毕业生才能适应瞬息万变的未来世界。

上中学时，老师会一次又一次重复每一课里的关键内容。但进了大学以后，老师只会充当引路人的角色，学生必须自主地学习、探索和实践。走上工作岗位后，自学能力就显得更为重要了。微软公司曾做过一个统计：在每一名微软员工所掌握的知识内容里，只有大约10%是员工在过去的学习和工作中积累得到的，其他知识都是在加入微软后重新学习的。这一数据充分表明，一个缺乏自学能力的人是难以在微软这样的现代企业中立足的。

自学能力必须在大学期间开始培养。许多同学总是抱怨老师教得不好，懂得不多，学校的课程安排得也不合理。我通常会劝这些学生说："与其诅咒黑暗，不如点亮蜡烛。"大学生不应该只会跟在老师的身后亦步亦趋，而应当主动走在老师的前面。例如，大学老师在一个课时里通常要涵盖课本中几十页的信息内容，仅仅通过课堂听讲是无法把所有知识学通、学透的。最好的学习方法是在老师讲课之前就把课本中的相关问题琢磨清楚，然后在课堂上对照老师的讲解弥补自己在理解和认识上的不足之处。

(四)学习途径的多样性和多元化

学习途径的多样性和多元化是指学生除了通过课堂教学这一途径学习外，还可以通过多种渠道来获得知识。大学教育的课堂教学安排少，自习多。大学生要获得知识、陶冶情操、发展能力，仅靠课堂是远远不够的。除了自己抓紧时间自习外，还必须依靠各种学术报告、知识讲座、专题讨论、研讨会等第二课堂，以及社会调查、咨询服务等社会实践活动。刚进入大学的学生对种类繁多的学习途径往往感到无所适从，采取什么样的学习方式才能处理好课本知识与课外知识、专业学习和能力培养等方面的关系，是许多大学生深感矛盾和困惑的问题。

第二课　大学生学习的心理过程和心理因素

一、大学生学习的心理过程

学习活动是一个包含感知、理解、巩固和应用的心理过程。了解这个过程各个阶段的心理特征，对于学习有着非常重要的作用。

(一)感知

学生学习知识，通常由对材料的感知开始。学生在学习过程中通过感觉和知觉接触所要认识的事物，调动各种感官去观察事物、听取讲解、阅读文字符号等，获得丰富的感性知识。

感知在学习心理过程中起着最基础的作用。没有感觉和知觉，人们就不可能认识任何事物。人在婴幼儿时期，感觉和知觉就产生了。心理学研究表明，婴儿出生不久便具有温觉和痛觉，到 3 个月大时便产生听觉和视觉，4 个月时有了嗅觉和触觉，到 5 个月时，知觉也产生了。到两岁的时候，在特定情境和语言的刺激下，幼儿能重现过去感知过的事物形象。有了感知事物的能力，幼儿在 3 岁左右时会有想象的萌芽，他们可以借助具体物品和动手操作进行想象。

感知是人类一切认知活动的第一步，是学生学习知识的源泉。在当前的现实条件下，学生不仅可以通过直接经验和书本感知事物，还可以通过音像、网络等信息渠道获得对事物的感知。学生在丰富的感性材料的基础上，才可能通过自己的头脑加工掌握知识。要获得丰富的感性认识，必须要遵循感知的规律。

1. 明确目的

知觉的选择性说明，目的任务越明确，感知越清晰。所谓知觉的选择性，就是由于客观事物复杂多样，个体不可能同时对客观事物全部清楚地感知，总是有选择地把某些事物作为感知的对象，对它的知觉很清楚，而对其余事物则反映相对模糊。

2. 端正态度

一个人在感知过程中所持的态度，对于感知对象的选择和理解有很大的影响。一般说来，态度积极，能加深对感知对象的理解，从而获得清晰和完整的感知；反之，就不能深刻地感知欲感知的对象。

3. 突出感知的对象

感觉的对比规律表明，如果感知对象从背景中越突出，那感知的效果就越好。人们在看书的时候喜欢给较为重要的内容做上记号，就是这个原因。所谓感觉的对比，是指同类感觉由于不同的刺激作用而使感受性发生变化的现象。感觉的对比有同时对比和继时对比之分。同类感觉由于不同刺激的同时作用而产生的对比现象叫作同时对比。同类感觉由于不同刺激的先后作用而产生的对比现象叫作先后对比，也叫继时对比。

4. 积累丰富的经验

感知是在过去的知识经验基础上产生的，感知的效果不仅依赖于对感知对象的直接作用，也会随着个人原有的知识经验而变化。一个人的知识经验越丰富，感知就越完善、迅速。如在同样的犯罪现场，经验丰富的警察更容易抓住犯罪的线索，查出案件的真相。大学生在学习过程中，要努力提高自己的知识水平，利用已有的知识综合学习，提高感知的效率。

要增强感知的效果，还要注意感知过程中两个信号系统的协同，也就是要结合直观形象(第一信号系统)和语言(第二信号系统)，用抽象的语言来体现具体的感觉，使感知更完整、更理性。

(二)理解

学习的目的是让学生在获得丰富的感性材料的基础上掌握全面和深刻的理性知识。所以感知材料仅仅是学习的开始，理解材料才是认知过程的中心环节。理解通常是指利用学生头脑中已有的知识经验，认识事物各部分或事物间的关系，把握事物的本质特征和规律性联系。学生对知识的理解是一个由低级到高级的发展过程，有对字面的理解、解释的理解、批评性的理解和创造性的理解四个层次。

理解效果受到知识经验的丰富度、正确度和思维发展水平的影响。可以通过以下途径来提高理解的效果。

1. 寻求丰富的感性材料

只有寻求丰富的、典型的、正确的感性材料，才能通过比较、分析、综合、抽象、概括等思维活动，理解材料的本质和规律。

2. 提高语言概括能力

感知到的材料只有转换成语言或文字材料后，才能提炼成为更高层次的概念、本质和规律，由感性概括上升到理性概括。还有，精确地表达概念的含义，以简明、准确的语言表述原理，理解各部分材料之间的逻辑关系，等等，都需要较强的语言能力。

3. 提高知识系统化的水平

知识的系统化是进一步理解知识的一个标志，只有将某一概念、原理纳入原有的知识体系中，才能加深理解，巩固记忆，灵活应用，也有利于用旧知识理解新知识。人们常常提到的“触类旁通”就是知识系统化的结果。

4. 通过应用加深对知识的理解

应用既是知识理解的结果，也是加深知识理解的途径，二者互为依托。在学习中利用应用来理解知识，就是对所学知识的具体化。这种具体化在检验学生对知识理解的同时加深学生对知识的理解。

(三)巩固

知识的巩固是在感知和理解基础上的信息储存，就是通常所说的记忆过程。记忆是人脑对过去发生过的事物的反映，包括识记、保持、再认和重现等过程。根据输入信息到提取信息所经过的时间长短以及编码方式的区别，记忆可以分为瞬时记忆、短时记忆和长时记忆。知识的巩固，主要是通过长时记忆来实现的。

知识的巩固是学习知识的重要环节，只有及时巩固知识，积累知识，才能在应用的时候从记忆的储存库中检索并提取必要的知识。那么，促进知识巩固的方法有哪些呢？

1. 遵循识记规律，提高记忆效率

识记就是将学习材料的知识内容保持在大脑之中。德国心理学家艾宾浩斯(Ebbinghaus)用无意义音节为材料进行有关保持过程的研究，绘制了第一个保持曲线，称为遗忘曲线，如右图。在学习材料刚刚能记住 20 分钟后，受试者对他所学的材料只保持 58.2%；1 小时后保持 44.2%；1 天后保持 33.7%；2 天后保持 27.8%；6 天后，这种保持逐渐降低到 25.4%。从这个曲线可以看出，识记保持的结果在最初是急剧下降的，随着时间的推移逐渐稳定下来。

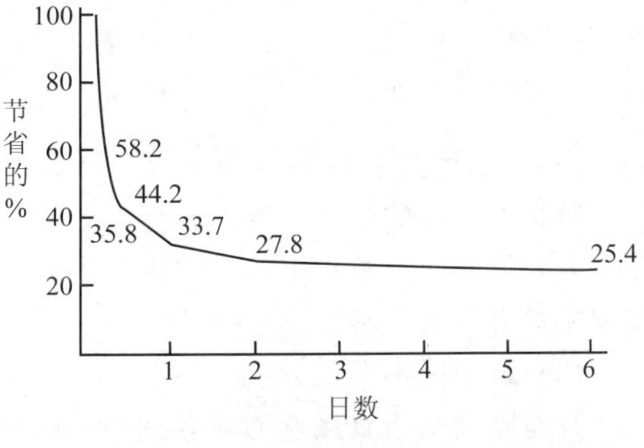

图 7-2　艾宾浩斯的遗忘曲线

首次识记的效果对于知识的巩固有着特别重要的意义。赞可夫的研究表明，第一次阅读课文或者第一次感知直观事物，对于材料的保持具有举足轻重的作用。他还认为，许多人犯了一个本末倒置的错误，就是“第一次感知教材时，不去注意深入思考教材的内容，而是把希望放在以后的复习上”。艾宾浩斯也认为，保持和重现在很大程度上依赖于心理活动第一次出现时注意和兴趣的强度。

2.“重复”学习，巩固记忆效果

依据艾宾浩斯遗忘曲线，要提高巩固的效果，就应该在记忆内容还未遗忘之前进行复习，尽可能地减少遗忘。

(1)识记了学习材料后要及时复习。艾宾浩斯遗忘曲线表明，识记一小时后，材料内容就忘记了55.8%，一天后就遗忘了66.3%。

(2)采取有效的复习方式。复习方式应该多元化，适当地变换复习方式，学习者不容易感到厌倦和疲劳。巩固记忆，反复阅读材料并不是最有效的。最好的方式是用尝试重现和反复阅读相结合的方法。这种方法能充分调动积极性。通过反馈进行自我检查，对不能回忆和回忆错误的部分进行及时的补救，达到良好的记忆效果。

(3)科学地分配复习时间。根据遗忘先快后慢的规律，要合理地分配复习的时间。刚学过的东西要尽快地多复习，以后复习的次数可以逐渐减少，每次复习之间的间隔可以逐渐加长。老师要求课后及时复习就是这个道理。

(四)应用

应用就是用已掌握的知识来解决问题，并由此形成相应的技能和能力。知识的应用既是检验学习效果的有效手段，又是学习的目的之一。它是以对知识的理解和巩固为前提的。

从思维活动的角度来看，知识的应用是一个由抽象到具体的过程，就是把从一类事物中抽象和概括出来的知识，推广到同类具体事物中去，用抽象的本质特征去分析具体事物。具体来讲，有三种形式的应用：一是学生利用掌握的知识来回答老师的提问、作业等，这是学生应用知识最常见的方式。二是用已有的知识经验去完成具体操作，如试验、绘图、种植等。三是将知识运用于社会实践，解决生产、生活的实际问题，如社会调查、工厂实训等。

二、大学生学习的心理因素

所有人学习的心理过程是一样的，为什么不同的人的学习效果却不一样呢？这是因为人们在学习过程中的心理因素不一样。这些心理因素被心理学家分为智力因素和非智力因素两种。

(一)智力因素

智力因素是指直接参与对客观事物的认识、处理和操作的心理因素，包括注意力、观察力、记忆力、想象力、思维力五种能力。智力因素是学会学习的必要心理条件。智力是以人脑的神经活动为基础的，对客观事物和信息的反映、认识、储存和处理的能力。它反映的认知能力，表现出人脑对客观事物的反映深度、广度、速度和准确度。简单地说，智力就是一个人的聪明程度。

智力的构成要素相互区别又相互联系，作为一个整体对人的学习效率和质量产生直接的影响。有人对这五种能力做出了非常形象的比喻：注意力和观察力好比门窗，没有它们，知识的阳光就无法进入智慧的房间。人的大脑通过注意和观察不停地接受外界信息，然后加工、整理、储存并输出信息。没有注意和观察，人的一切认知活动就成了无本之源。想象力是智力的翅膀，它将接受到的信息加工和改造，创建出新的形象，使学习具有创造性。记忆力是智力的仓库，只有储存得越多，智力工厂才能生产和加工出好的产品。思维力是核心，犹如一部高速运转机器的指挥系统，其他因素提供加工的原材料和动力，只有在系统的指挥下才能生产出好东西。没有这个系统，一切原料和动力资源都只是一堆废物。任何人的智力都是作为一个完整的有机体发挥作用的，缺少哪一方面的因素都会限制智力的发展。

学习就是通过智力活动感知客观世界，积累经验，掌握知识，解决各种问题，从而认识客观世界发展变化的本质和规律。因此，智力水平的高低直接影响着学习的效率和质量。一个人智力水平的高低，受到先天遗传因素和后天环境、教育因素的影响。先天因素决定一个人的智力潜能的大小，后天因素决定一个人是否充分地发掘自己的智力潜能。

大学生正处于智力发展的高峰时期，也是智力潜能开发的黄金时期。一方面，大学生的注意力、观察力、记忆力、想象力、思维力均达到了人生的最佳发展时期。观察力比中学时更敏锐，表现出更迅速、更准确的特征，其敏锐性超过中老年，其准确性又超过青少年；记忆力正逐步从少年时期的机械记忆转向意义记忆(理解记忆)；思维力、想象力比少年时更富有目的性、系统性、全面性、深刻性。另一方面，大学生已开始了创造心理的高度发展。大学生的创造欲望增强，受传统思维的束缚少，对新事物接受快，反应敏捷，思维异常活跃，并具有一定的灵活性、独创性和批判性，容易形成新观念、新看法，从而有所发明创造。例如，牛顿23岁创立微积分，歌德25岁发表《少年维特之烦恼》，曹禺在23岁时创作了话剧《雷雨》。

(二)非智力因素

非智力因素是指那些不直接参与认知过程，但对认知过程起直接制约作用的心理因素，主要包括动机、兴趣、信念、理想、情感、意志、性格，以及社会责任感和生活态度等。这些因素虽然不直接参与认知过程中对外部信息的接收、加工和处理，但它们对认知过程起着动力和调节作用，是智慧活动的推动者和调节者。

智力因素和非智力因素对一个人的学习究竟会有什么样的影响呢？心理学研究表明，学习成绩好的学生之间的差距与智力因素有较大关系，与非智力因素没有直接关系，因为学习成绩好的人一般非智力水平都比较高。而学习成绩差与非智力因素水平有密切关系，与智力水平关系较小。简单地说，成绩拔尖的学生在成绩上存在差异是因为智力的问题，而通常学生成绩差的主要原因不是因为智力的问题，而是非智力因素造成的。美国心理学家曾对1528名智力超常的学生进行了长达50年的追踪研究，结果说明智力水平高的人不一定能成为杰出的人才，而成功者的非智力因素都具有品质很好的特征，如坚韧、恒心、毅力、有主见、不怕失败、坚持到底等。

第三课　大学生常见学习心理问题与调适

学习是一个非常复杂的心理过程，不仅与注意力、观察力、记忆力、思维力等智力因素直接联系，还决定于动机、兴趣、情感、意志等非智力因素。大学生除了要完成学业外，还要面对就业和生活的压力，承担各种社会义务。严峻的现实让大学生的学习充满了障碍，特别是学习心理上的问题更成为了成才路上的“绊脚石”。解决不了这些问题，就不可能获得学习的成功。那么，大学生学习上的心理问题有哪些呢?

一、学习动机问题及其调适

学习动机是学习积极性的源泉，是直接推动个体进行学习的内部动力。学习动机是指引起一个人的学习活动，并指引学习活动朝某一个学习目标的心理倾向。学习动机包含学习需要和学习诱因两方面的因素：学习需要是个体内部动机，包括个体的成就欲望、爱好及好奇心、求知欲、探索愿望等。学习诱因是外部动机，指激发行为的外部环境，如考试分数、奖学金、“三好”学生的荣誉等，它促使学生把自己的行为指向学习的目标。耶基斯—多德森定律表明，达到最高作业水平的动机强度为动机的最佳水平。也就是说，动机不是越强越好，中等强度的动机水平最有益于学习的进行。如果动机太弱，则学习动力不足，学习效果不佳；如果动机太强，会带来太大的心理压力和生理上的不适，也会降低学习效率。如很多人在中考、高考中发挥失常，多是因为动机太强的缘故。

(一)学习动机缺乏的表现

由于大学的学习生活和中小学有很大的差别，加上社会环境、就业和生活等因素的影响，当前大学生尤其是大一新生的学习动机通常表现为动机缺乏，而不是太强，具体表现在：

1. 大学前后的学习“动机落差”

在高中阶段，学习的主要愿望就是考上大学。考上大学的目标实现后，新的愿望还没有形成，造成了上大学前后的学习“动机落差”。这个时期，高中阶段形成的学习、生活习惯一下子不再适用了，但新的兴趣和爱好还没有形成，于是产生了松懈心理，将主要精力放在了玩耍和娱乐上。

2. 躲避学习

大学生生活在一个复杂的环境中，受社会上不良因素的影响，就业的艰难，以及宽松的生活、学习环境，使得大学生更加容易放纵自己。加上“进大学难，出大学易”的传统观念，很多大学生认为进入大学就相当于文凭的一半，只要不违反校规校纪，混个文凭轻而易举。故缺乏学习的兴趣和成就感，抱负和上进心不足，求知欲较弱，有些学生大部分的时间都忙于上网、恋爱和玩耍。

3. 学习的懒惰行为

由于分数对大学生来说不再像中小学时那么重要了，一些学生不愿上课，上课也无精打采；课后不再预习、复习；作业不独立完成；很少去图书馆，即使去了也很少看专业书籍；考试往往“临时抱佛脚”，奉行“60 分万岁”。

4. 厌倦、冷漠的学习情绪

没有了兴趣，少数大学生对学习的情绪是厌倦、冷漠，对与学习有关的事情感到很无聊，享受不到学习成功的喜悦。

(二)学习动机缺乏的原因

1. 学习目标不明确

中学的学习目标是考大学，大学的学习目标是什么呢？是为了找一个好工作，还是为了崇高的理想？有些大学生的人生理想缺乏社会责任感，没有高尚的情怀，只是单纯地将大学看成人生历程的一个跳板。这样的结果是：一方面，学业的最低要求被有些大学生当成了大学学习生活的标准要求，认为只要能达到学校要求的最低限度，不被淘汰出局，保证顺利毕业就可以了。另一方面，奋发向上，在学业上攀登高峰，成社会栋梁之才，却成了另类。

2. 学习上遭受挫折

由于大学和中学的教学模式和学习方式大不相同，教师的主导作用弱化，学生的主体作用强化。老师不再为学生的一切学习活动负责，甚至不再为学生留作业、安排学习日程、悉心关注学生学习的每一个步骤，而由学生自己决定要学的专业、发展的方向、学习的重点，等等。这一切使一部分学生无法适应。当自己在学习、能力等方面与他人的距离表现出来后，甚至达不到学校的要求以后，他们往往会产生失落、忧虑、紧张、自卑的情绪，陷入自我怀疑、自我否定的困惑之中，挫折感强烈，严重的可能会患上抑郁症。

心灵故事

小林以当地第一名的成绩考入北京某高校，第一学期期末，本来踌躇满志准备获取奖学金的她未能如愿。她的情绪从此一落千丈，变得郁郁寡欢，无心学习，也无法处理好与同学的人际关系，还整夜失眠。最后不得不去医院精神科检查，诊断结果：她患了抑郁症。

分析：在大学生中有抑郁现象的较多，其主要原因是由于自我价值没有得到很好的体现，对自己进行了一些否定。这样的学生一般情绪比较低落、不稳定，不爱搭理人，做事情没有兴致，时间长了，容易造成情绪积聚，对学习、生活肯定会造成影响，严重的则会患上抑郁症。如果没有找到有效渠道发泄，可能会沉迷于一些自己觉得是正确的事物上面，如网络、游戏等。这就需要周围的人群关注他们，给他们温暖。有这种情绪的大学生则应多与身边的朋友谈心、交流，释放自己的压力，以缓解这些症状，从而恢复到正常状态。

3. 错误归因

归因是个体对他人或自己的行为进行分析，推导出这些行为内在原因的过程。不同的人对相同事件往往作出不同的归因，因为他们的动机、兴趣和态度是不一样的。如考试失败，有的学生把原因归结于自己的努力不够，今后还要更加勤奋；有的学生把原因归结为老师故意刁难，考题太偏太难；有的学生将原因归结为自己运气不好，没有复习到要考试的内容；有的学生把原因归结为老师教学无方，误人子弟；有的学生甚至会把原因归结为有同学作弊，导致自己成绩低。当学生把失败归因于自己的能力与努力等内部因素时，学习动机就会增强；当学生把失败归因为外部因素的时候，往往会原谅、忽视自己的内在不足，学习动机就会减弱。

4. 影响学习动机的外部原因

除了学生内在的一些因素外，大学生学习动机缺乏还与外部因素有关。随着市场经济体制的建立和经济全球化的深入，金钱冲击了传统的学习观念，知识很大程度上成为功利的、世俗的工具。人们急功近利，什么对找工作有直接益处，什么能直接帮助挣更多的钱，就学什么。选择学什么不是根据个人的特征和爱好，而是所学内容的“含金量”。这些也容易造成学生学习动机缺乏。

(三)学习动机的激发

1. 树立正确的学习目标

如果学生的学习目标是为了在科学上攀登高峰，掌握过硬的本领，成为一名优秀的社会主义建设者，学生在学习中则会产生学习的自觉性，激发起强烈的求知欲、稳定的兴趣和高度的社会责任感，进而能专心致志、刻苦钻研、勤奋学习。相反，如仅仅是为了得到毕业证，以便找到一份合适的工作，那么学生在顺利的情况下很可能勤奋学习，但在遭受挫折时则容易情绪低落、意志消沉、半途而废；在学习过程中可能会偷工减料、弄虚作假、抄袭作业、考试作弊等。因此，树立正确的学习目标，是一个人学习的原始驱动力，它会促使人往正确的方向发展。

2. 培养学习兴趣

兴趣是最好的老师。兴趣是指使人对某些事物优先给予注意，并带有积极情绪色彩的心理倾向。它是引起和维持注意的一个重要因素，是学习过程中的一种积极心理倾向。大学生的学习过程是相对自由、宽松的，要在学习上发挥积极性和主动性，就要对自己所学的知识具有浓厚的兴趣，才能有强大的动力驱使自己去学习。学习兴趣不是一开始就产生的，产生之后也不是一成不变的，而是随着学生的主观态度变化的。也就是说，学习兴趣是可以培养的。培养学习兴趣除了主观上的主动、积极外，还有客观上的方法问题。一般说来，培养学习兴趣可以从以下几方面着手：培养对事物的好奇心，学会享受达到目标的喜悦，兑现完成任务的奖励等。

3. 正确对待挫折

在新的学习环境下，学习上受到挫折是正常的事情。要正确对待挫折，首先，就要让学生认识到产生挫折的原因和必然性。原因分析使学生认识到自己的问题出自哪里。是学习的态度不积极，还是学习方法不妥当？其次，正确认识大学期间的学习特点，以适应环境、提高学习效益。在学校学习的过程中，要形成积极的学习态度，掌握正确的学习方法，区别对待大学期间的各种活动和课程，使自己有限的时间和精力得到充分的利用。

二、学习方法障碍及其调适

(一)学习方法障碍及原因

大学生特别是大一新生面临着适应自主式学习的过程。一些学生不能顺利地度过这一阶段，走了不少弯路，找不到适合自己的学习方法，学习效果不理想，主要表现为：

1. 缺乏新的学习观念

大学教育方式和教学模式的改变，要求大学生必须改变原有的学习观念。这种改变包括教和学两个方面的改变：大学里，教师的教不再面面俱到，而是抓住要点进行教学，讨论的话题也不仅仅局限于教材，常常是海阔天空的。对于学生来讲，除了要理解课堂上的学习内容外，还要大量阅读相关方面的书籍、文献资料和进行大量的实践，并且对学习材料的掌握有更加明显的精略之分，不能平均用力，因为大学里面的学习材料要比中学时多得多。许多大一新生在拿到一年的教材后，往往有“不知道怎么学，怎么才能学完这么多内容”的困惑。

2. 缺乏自学的精神与方法

大学生在校期间主要以自学为主，但有一些学生不知道如何自学，常常把“自习”当成了“自学”，把对自己独立地对课堂知识的复习过程当成了自学过程，忽略了对知识的拓展和深化。换句话说，就是不知道自己除了课堂和教材之外还应学些什么？怎么学？

3. 不会分配学习时间

这里所说的学习时间分配是指在具体学习某个学习材料时的时间分配，它表现在两个方面：一方面是根据学习内容的难易程度来分配时间。一般来讲，比较复杂难懂的内容，应该集中地用较短的时间去学习，这样可以保证学习者在一定时间内集中注意力，有利于理解并掌握那些抽象难懂的材料，不容易引起学习者的疲劳，提高学习效率。反之，则用较长的时间，分成几个阶段来学习。另一方面，是指对同一个材料的学习时间分配要适当，既不能太多，也不能太少。心理学研究表明，过度学习，即对材料已经基本掌握后的学习，对内容的保持率起着很重要的作用。过度学习越多，保持率越高。但有一点也要注意，过度学习超过50%之后，对内容的记忆效果有下降的趋势。

4. 不会迁移

大学里的专业学习的一大特色就是理论和实践的结合，这就要求学生具有很强的迁移能力。迁移是指先前的学习或训练的内容对后来的类似学习或训练内容的影响。一部分学生在学习的过程中缺乏正迁移的能力，难以将新学习的内容逐渐扩展到新的范围，形成正迁移。他们难以将所学的知识融为一个系统，做到“举一反三”“触类旁通”，从而难以真正掌握学习内容，造成学习上的困难。

5. 抓不住学习重点

社会竞争日益激烈，大学生都希望自己能学到更多的谋生本领，希望在竞争中多一些优势。可这又导致一部分学生陷入了学习抓不住重点的障碍之中：他们常常感到要学习的东西太多，什么都想学，刚学会这个，又想学那个，甚者这个还没有学会，就又去学那个了。除了学习专业知识外，普遍注重学习专业技能，常常到校外去学习更多实用性的知识或技能，这加重了学习的负担。还有的学生过分看重社会上的各种“证书”，甚至为了“考证”不惜牺牲专业知识的学习，反而使自己的专业课考试亮起了“红灯”。由于学习抓不住重点，造成了学习过程中主次不分的后果。虽然自己疲于奔命，但学习效果却不理想，甚至带来沉重的心理压力。

(二)学习方法障碍的调适

1. 树立正确的学习观

有什么样的思想，就有什么样的行为。学习观是对“为什么学”“学什么”“怎么学”等问题的系统认识。进入大学后，要有正确的学习方法，首先就要有正确的学习观念。当代大学生应该树立的学习观念包括以下几个方面的内容。

(1)“我能行”的观念。心理学研究表明，人的潜力是无穷的，普通人只用了全部潜力的极小部分。因此，没有笨的学生，只有没有把潜力挖掘出来的学生。只要树立起“我能行”的观念，相信自己潜力无穷，一切都将成为可能。心理学研究表明，一个人的成就与一个人的志向和期望水平成正比。志向和期望水平太低，必定会降低一个人的进取心和成就欲，从而阻碍一个人取得好成绩；志向水平高的人才有可能取得好成绩。

(2)自主学习的观念。自主学习建立在自我了解的基础之上，在对自己水平进行评价、优劣进行比较后，根据学习的目标进行自我选择，按照自身的具体状况安排学习过程。

(3)科学学习的观念。学习是要讲科学的，学会学习也是一门学问。

(4)创新学习的观念。创新既是大学生学习的特点，也是大学生学习的目的。大学生学习的创新具有能动性、独立性、超前性和参与性的特征。

此外，勤奋学习、实践中学习、全面学习等观念对大学生而言也非常重要。

2. 掌握行之有效的学习方法

学习方法不是千篇一律的，每个人的具体情况不一样，具体的学习方法也不一样。对大学生来讲，行之有效的学习方法具有以下特征。

(1)学习内容主次分明。人的精力是有限的，有限的精力要投入无限的学习中去，就必须抓住重点，主次分明。要做到主次分明就要处理好学习专业理论知识、专业技能和拓宽知识面之间的关系，课堂内容和课外实践的关系，学历教育内容学习和“考证”的关系等。

(2)合理安排学习时间。评判大学生学习好坏的标准不仅仅是成绩，还有社会实践和操行评定等内容。大学几年里要做的事情实在是太多了，如果不能好好分配学习时间，要想获得优异的成绩几乎是不可能的。从大处来讲，时间安排指理论学习和社会活动、社会实践的时间分配，虽然三者对于大学生成才缺一不可，但从学生的角度来讲，理论学习应该是耗时最多的，社会活动和社会实践应次之。从小处来讲，时间安排指课程学习和知识拓展的时间分配，不同课程之间的时间分配，以及具体的学习日程安排。这是学习的具体时间规划，是学习落到实处的保证。

(3)培养良好的学习习惯。良好的学习习惯包括：制订学习计划，利用空闲时间，牢牢抓住今天等。

(4)掌握必要的学习技巧。学习是不能投机取巧的，但掌握一定的学习技巧往往有事半功倍的效果。比如，利用正迁移原理，将知识系统化，学会举一反三、触类旁通；遵循记忆规律及时复习、意义记忆等。再比如，要科学用脑就必须讲究用脑卫生，因为人的大脑虽然只占人体重的1/50，但它却要消耗人体所需氧气的1/4，在人大脑中的血液流量占整个心脏排血量的1/5，因此，大脑是容易疲劳的，有“兴奋状态”和“抑制状态”之分。在大脑“兴奋状态”的时候就要努力学习，在“抑制状态”的时候就好好休息，不然就只能事倍功半。

互动平台

自我评价与调节能力自测

根据自己的实际情况，回答以下项目。可以回答“经常”“有时”或“很少”。

1. 在学习新内容之前，我会设定明确、具体的学习目标。

2. 我设定的学习目标难度适宜，既不高不可攀，也不轻而易举。

3. 在学习过程中，我考虑学习目标和自己学习现状之间的差距。

4. 我有意识地主动采取一些具体的学习方法，缩小学习目标与自己现有学习状况之间的差距。

5. 我对自己采取的学习方法充满自信。

6. 为了实现学习目标，我有意识地给自己创造一个有利于注意聚焦的学习环境。

7. 当实践证明我采取的新方法不太奏效时，我会主动放弃而选用另一种学习方法。

8. 我依据自己设定的学习目标，评价自己的学习效果。

9. 我把自己学业成功的原因归于个人能力，成功会增强我的自信。

10. 当有几个目标需要完成时，我会制定出完成每个目标的时间表，并严格执行。

评分办法：

答"经常"，计2分；答"有时"，计1分；答"很少"，计0分。

分数在17分以上，学习的自我评价和调节能力较强。

分数在12～16分，学习的自我评价和调节能力一般。

分数在12分以下，学习的自我评价和调节能力较弱。

三、学习意志障碍及其调适

有些大学生有学习的欲望和动机，也了解学习的方法，但就是无法坚持下去，好不容易制订好学习计划，没几天就放在一边了，这是因为他们的学习意志薄弱。学习意志是指学习者能够自觉地制定学习目标，并支配自己的学习行为，克服学习困难，以实现预设学习目标的心理过程。

(一)学习意志障碍的表现

1. 学习自制力不强

学习自制力是指学习过程中自我克制、自我约束的能力。缺乏学习自制力通常表现为：随心所欲、做事拖沓、懒散，遇到情况发生变化，学习行动就乱了方寸，难以像往常一样坚持下去；当事情进展不顺利时，试图退而求其次或者绕道而行等。

2. 学习自觉性不高

学习的自觉性是指学生能独立地、自发地完成学习任务。学习自觉性不高的表现有：没有自己独立学习的习惯，行为容易受到他人的影响和干扰，学习主要依靠他人的启发、引导和督促才能完成。

3. 缺乏学习的坚定性

学习的坚定性是指能够坚持学习计划，排除一切障碍和引诱，不达目的绝不罢休。缺乏学习坚定性的表现有知难就退、不能持之以恒或经不起引诱而转移目标等。

4. 缺乏果断性

果断性是指有能力及时地做出理智的选择和正确的决定并执行。缺乏果断性表现为在学习过程中遇到干扰或诱惑时，难以迅速排除或坚决抵制，结果会耽误时间，浪费精力，影响学习计划的完成。

(二)学习意志障碍的调适

克服学习意志障碍就要从小事做起，努力控制自己，不达目的不罢休。在学习、生活中，要注重自我检查、自我约束、自我监督、自我调节和自我鼓励。例如，制订合理详尽的学习计划，通过自我鼓励、监督或朋友、同学的监督来严格执行；通过与身边好友进行比较，奋力追赶，努力赶上或者超过学习优秀的同学；通过各种考试来促进自己对学习的坚持和努力，等等。

意志的培养不是一蹴而就的，常常要经过反复才能达成。要坚定自己一定能行的信念，并通过内在的努力和外在的监督使优秀的品格坚持下去，培养坚强的意志。

四、考试心理障碍及其调适

考试是每个大学生都必须要面对的事情，都希望在考场上发挥出最佳水平，考出好成绩。但现实的情况是常常有学生考试的结果与自己付出的努力不相当，甚至因为过度焦虑而功败垂成。

(一)考试焦虑和应试怯场

考试焦虑通常是指考试过程中，由于担心自己考试失败有损自尊而产生的一种忧虑的情绪反应。适度的考试焦虑有助于调动学生的心理能量和生理能量，使之全力以赴，注意力更集中，记忆力更强，思维更敏捷，对考前的复习具有积极的促进作用。过度的考试焦虑则会造成高度忧虑和紧张，产生负面影响。过度考试焦虑主要表现为：考前紧张恐惧、心烦意乱、喜怒无常、失眠、记忆力减退、注意力不集中、学习效率下降等。

应试怯场是过度的考试焦虑在应试时的反应。它是使学生在应试过程中情绪激动、过度紧张、恐慌而造成思维和操作困难的一种心理现象。主要表现有：心跳加快、呼吸急促、满脸通红、头昏、恶心、思维迟钝、晕倒等。造成应试怯场的生理原因主要有考前复习阶段睡眠过少、过度疲劳或生病造成的疾病等。心理原因主要有压力过大，缺乏信心，准备不充分等。另外，考试气氛过于紧张，考题太难等也会造成应试时的怯场心理。

(二)过度考试焦虑和考试怯场的调适

1. 正确认识考试

考试是衡量学习效果的手段之一。它能在一定程度上反映一个人的学习能力和知识水平，重要的考试能在一定程度上影响人的发展。但它不能全部反映一个人的学习能力和知识水平，更不能决定一个人的前途和命运。因此，应把考试放在一个合理的位置，“战略上重视它，战术上轻视它”。

2. 考前认真复习

要取得优秀的考试成绩，除了平时勤奋学习之外，还要进行有计划的复习。考试前认真总结，熟悉考试要求，做到“胸有成竹”，考试时自然就不会出现异常现象。

3. 注意身体健康

考前复习和应试阶段，要充分保证有足够的睡眠时间，适当增加营养，进行较小运动量的体育锻炼，做到劳逸结合，保证有充沛的精力、清醒的头脑、健康的身体和良好的情绪。

4. 掌握应试技巧

掌握和运用应试技巧，能有效地消除考试焦虑和应试怯场。比如，考试前做到心中有数，就能平静放松；做题时先易后难；考试时不要把注意力放在答案正确与否上。

5. 寻求专业人员的帮助

考前如果感到难以克服考试焦虑，已经出现了过度焦虑或者怯场的现象，应该主动向专业人士寻求心理咨询帮助。心理咨询员会通过放松训练、自信训练和系统脱敏等方法来帮助学生摆脱考试紧张。

消除考试心理障碍的方法是因人而异的，大学生可以根据自己的实际情况采取不同的方法，在实践中寻找最适合自己的心理调适方法，消除不良考试心理状态，发挥最佳水平。

思考与练习

1. 大学生学习的特点有哪些？
2. 学习的心理过程是怎样的？
3. 学习的智力因素和非智力因素分别给学习造成什么样的影响？
4. 大学生存在哪些常见的学习心理障碍？应如何进行调适？

拓展训练

训练一：案例分析

她怎么了

小雅(化名)，女，某高职院校旅游系大二学生。20 岁。最近很焦虑，觉得时间太少了，太不够用了。很多事情都没有做，很多计划上的学习都没有学呢！越是着急越觉得学习效率很低。她报了自考，马上就要考 3 门。她还需要准备英语四级的考试。刚刚老师开了班会强调了考取导游证的重要性，以及取得导游证的不容易，请大家都提高认识、加紧复习。小雅一下子觉得自己快要崩溃了。她觉得非常着急，恨自己不争气。关键时刻怎么能学习效率这么低呢。现在小雅睡不好觉，梦里都是看书看不进去，非常苦恼。

1. 运用本单元所学知识，以小雅的身份分析其考试焦虑的原因，理清头绪，并提出解决建议。

2. 收集自己为学习而焦虑的有利和不利的各种事实，逐一分析各种焦虑的产生原因，并提出调适建议。

训练二：行为训练

考试前，找一个安静的地方，静静坐下，闭上眼睛，把注意力集中在丹田，缓缓呼吸，进行精神放松训练；反思自己的学习计划，尽可能使自己理清条理，合理安排复习时间，有轻有重，有节奏地安排每天的学习、生活。

假设考试时，遇到大脑空白、手脚出汗的情况，可进行模拟处理：立即停止答卷，全身放松，反复做深呼吸，反复暗示自己："不要着急""我很放松""没有问题"，并适当舒展身体，等情绪稳定后再答题。

学习反思

第八单元 大学生择业心理

学习目标

1. 了解职业生涯规划的含义。
2. 掌握职业生涯规划的方法和步骤。
3. 认识择业的心理因素和环境因素。
4. 了解择业过程中的心理问题，减少择业压力。
5. 掌握择业心理问题调适的方法，提高就业质量。

单元导入

肖萍(化名)是某高职院校商务英语专业的学生，毕业时经学校推荐应聘到一家农产品进出口公司。在同学们看来这是一份很不错的工作。公司领导安排她做小麦市场产销存信息的收集整理，为主管人员的市场分析提供资料。应该说这项工作对她熟悉业务很有好处。经过一段时间后，肖萍觉得天天看专业报纸杂志、从网上采集信息这种工作不适合自己的兴趣、爱好，她比较喜欢的是与人接触的那类工作。经过再三考虑后，她还是选择了离开这家单位。

高小雷(化名)学的是市场营销专业，他准备应聘一家公司的销售员岗位，为此他精心包装了自己，深蓝色的西装、白色的衬衣，配上一条合适的领带，脚上穿一双新买不久的黑色皮鞋，透明的塑料文件夹里装着个人资料，这些使他看上去很“职业”。不料，面试时主考官的一个问题就使他的自信心大打折扣，也影响了他对其他问题的回答，结果他面试失败了。决定高小雷命运的这个问题是：“请你说出Sales和Marketing有什么区别?”高小雷听后一时不知所措。虽然自己在假期也参加过促销一类的活动，但从来没有想过这样的问题，总觉得Sales也好、Marketing也好，不都是卖东西吗?

选择职业既要了解自己也要了解职业，这样才能避免求职过程中的盲目性，才能有所准备，有备而来。除此之外，我们还要明确自己的求职目标，了解大学生就业形势。也就是说，既要了解自己的主观愿望和条件，也要了解就业市场的客观形势和要求，做到主观和客观相结合，合理规划自己的职业生涯，这样我们才可能迈好个人职业生涯的第一步。

第一课　大学生职业生涯规划

在现代社会，职业不仅仅是从事一种工作而谋生的手段，更是一个人寻求自我发展、自我完善和自我实现的途径，具有保障经济、个人生活、社会价值三方面的意义。一个人的职业几乎渗透到他生活的各个方面，占据了他大量的时间和精力，职业在他心中的地位决定了他的生活方式。处于职业生涯起始阶段的大学生应认真进行职业生涯规划，做好求职的准备，以积极、主动的姿态迎接职业生涯的开始。

一、职业生涯规划的内涵

(一)职业生涯的相关概念

人们常常把工作、职业与职业生涯混为一谈，以为找到工作就是找到了职业，从事某个职业就开始了职业生涯。虽然工作、职业和职业生涯紧密相关，但它们并不是一回事。

工作是指在某一行业中的具体职位及拥有该职位所享有的权利和义务，是有目的、有计划、需要投入时间和精力并得到某种结果的活动，如医生坐诊、教师教学、政府工作人员办理公务等。人们在工作的过程中获得谋生的物质生活资料，同时也满足自己在精神上的需要。

职业是介于“工作”和“生涯”之间的概念，是由一系列相关联的职位所组成的一个特定的专业领域，即指一系列的工作，如教师、护士、律师。

职业生涯是一个人一生中所有与工作相联系的行为与活动，以及相关的态度、价值观、愿望等连续性经历的过程。职业生涯的发展是个人发展中的重要内容，它涵盖了人的一生，并包括了个人的自我发展、家庭生活以及个人所处的环境、文化氛围的方方面面。一个人的职业生涯是多方面相互作用的结果，它受到本人对终生职业生涯的设想与计划、家庭中父母的理解与支持、朋友的意见、社会环境的变化等的影响。

职业生涯规划是指一个人主动地、自觉地对其一生中所承担职务及其发展历程所作的预期和计划。职业生涯规划的目的不仅仅是帮助个人按照自己的资历、条件找到一份工作，实现自己的目标，更重要的是帮助个人真正了解自己，为自己定下事业大计，筹划未来，拟订一生的发展方向。职业生涯规划具有方向性、连续性、独特性和综合性等特征。

(二)职业生涯规划对大学生心理健康的影响

1. 帮助大学生准确地认识自己，减少大学阶段择业的心理困扰

职业生涯规划的前提条件就是准确地认识与评估自己，这个过程可以帮助大学生形成正确的自我认知，建立稳定的自我概念。一份行之有效的职业生涯规划将会：①引导大学生正确认识自身的个性特质、现有与潜在的资源优势，帮助大学生重新对自己的价值进行定位并使其持续增值。②引导大学生对自己的综合优势与劣势进行对比分析。③使大学生树立明确的职业发展目标与职业理想。④引导大学生评估个人目标与现实之间的差距。⑤引导大学生进行前瞻与实际相结合的职业定位，搜索和发现新的或有潜力的职业机会。⑥使大学生学会运用科学的方法，采取可行的步骤与措施，不断增强大学生的职业竞争力，实现自己的职业目标与理想。

2. 增强大学生的择业预见性，培养解决问题的能力

职业生涯规划可以增强大学生对择业中可能出现的各类问题的预见性，有目的、有计划、有步骤地培养解决问题的能力。大学生在面对择业的问题上，常常会有各种不同的表现，归结起来有以下几种情况：①盲目焦虑，胡思乱想，停留在心理焦虑的状态，但不能积极地寻找对策，严重的甚至会导致心力交瘁，影响正常生活、学习。②盲目奔波，想当然地尝试择业过程。由于缺乏必要的知识和解决问题的方法，在尝试参与择业的活动中，常常体验到强烈的挫折感。③回避态度。深知就业困难，不知如何解决，尽量不涉及就业问题，只要听到关于择业的话题就条件反射地回避。④等待观望态度。坚信“车到山前必有路”，实际上“不知路在何方”。

职业生涯规划可以帮助大学生在真正进入就业的实际操作过程之前，就能充分地认识自己在就业过程中可能存在的各种有利和不利因素，预见可能发生的问题，并采取有效的方法进行自我完善，有针对性地设计好在不同情境下解决不同问题的有效方法，增强就业能力。

3. 提高对人生资源的驾驭能力，促使大学生更好地实现自我

职业生涯规划可以帮助大学生充分发现自我，发掘资源，驾驭资源，发展潜能。人一生拥有的资源无数，既有先天获得的资源，也有后天积累的资源；既有内部资源，又有外部资源；既有物质形态的资源，又有精神形态的资源。个人能否尽可能地占有、壮大自己所需要的人生资源，并将不同的人生资源进行合理的整合与规划，既是人生成功与否的重要标志，也是个体必备的一种人生驾驭能力。

大学期间正是大学生锻炼、培养这种能力的关键时期。职业生涯规划帮助大学生成功积累人生发展的必备资源，如优良的思想道德品质、合理的知识结构、和谐的人际关系以及良好的社会适应能力等。

二、职业生涯规划的内容和步骤

(一)职业生涯规划的内容

每个人的职业生涯规划内容是不一样的，没有一个对所有人都适用的方案，但有些内容是共同的，如人生目标、学习目标、生活目标和职业目标等。

1. 职业生涯规划的要素

职业生涯规划包括以下要素。

(1)自我现状。明确自己的年龄、性格、兴趣、生活方式、限制等。

(2)职业世界。研究职业的要求、环境、发展机会、前景等内容。

(3)抉择能力。培养选择适合自己的职业的能力，以及面对变化的弹性。

2. 人生目标规划

人生目标会促使个体意志服从于这一目标，并成为个人行为的内在驱动力，使人把自己的情感、信念、意志、精力都倾注其中。在大学期间，必须确定自己的人生目标，换句话说，要为自己定位。

> **小贴士**
>
> 一些大学生的人生目标不够清晰，上大学后有一种船到码头车到站的安逸心态，只求安安稳稳混文凭，开开心心过日子，忙忙碌碌谈恋爱，紧紧张张忙考试。如果问他们“考上大学后准备干什么”，很多大学生都不能给出明确的答案。

3. 学习目标规划

在大学里，学习任务是有所分化的：有的注重学习技能性知识，有的注重学习基础知识。在当代科技迅速发展的推动下，知识不再是一成不变的，更新速度相当快，正如盖茨所说的那样，我离破产始终只有18个月。大学文凭只能证明你接受过大学教育，除此之外，什么也不能说明。处在学习的黄金时期的大学生，应该对自己一生的学习有所计划，不能让自己一毕业就跟不上时代发展的步伐，变成“半文盲”。

4. 生活目标规划

理想的生活就是生活的理想。职业生涯是生活的一部分，达到生活的目标是我们从事职业的重要目的。故应该结合自己的现状、人生目标和学习目标制定出自己的生活目标。

5. 职业目标规划

职业目标规划是职业生涯规划的结果，也是职业生涯规划的基本要素。学习目标是职业生涯规划的动力，人生目标和生活目标是职业目标规划的重要依据。

(二)职业生涯规划的步骤

职业生涯规划的过程很漫长，而且是一个动态的过程，但就一个完整的职业生涯规划过程而言，一般通过以下具体步骤来完成。

1. 自我与职业机会评估

大学生职业生涯规划的第一个关键环节是进行正确的评估，包括自我评估和职业机会评估，也就是“知己”“知彼”的过程。我国人事科学研究者罗双平精辟地总结出职业生涯规划的三大要素，即“职业生涯规划＝知己＋知彼＋抉择”。

古人就有“知己知彼，百战不殆”之精辟论断。这在职业生涯规划中也是非常重要的。因为一个有效的职业生涯规划必须是在充分而且正确认识自身条件与相关环境的基础上进行的。即要弄清我想干什么，我能干什么，我应该干什么，在众多的职业面前我会选择什么和我能选择什么，环境给我提供了哪些可以利用的条件。这一系列的问题就是弄清自己可能会有什么样的职业机会的关键所在。

自我评估是大学生对自身内部和职业生涯相关联的各种因素的正确分析和评价，主要有个人的兴趣、个性、能力、特长、学识等。正确的自我评估是大学生探索其职业倾向的基础，它关系到大学生是否能培养健康的自我意识，树立稳定的自信心。大学生在入学的初期阶段处于重新构建自我意识的困惑期，特别是对自我的评价会出现一些波动，自我评价的标准陷入混乱。进行正确的自我评价，要求大学生摆脱过去的评估定式，从职业生涯规划的角度出发，挖掘自身与某一职业类型或某些职业领域具有内在联系的资源与优势，沿着职业生涯规划的思路不断探索自我、塑造自我。

客观的职业机会评估是大学生对自身以外的环境以及各种职业性质的分析和评价。大学生应当在关注社会、政治、经济等大环境发展变化趋势的基础上，充分了解自身所处的校园生活小环境的基本情况，分析自己与环境的关系，自己在环境中的地位以及环境给自己带来的优势和劣势；分析环境条件的特点、发展变化情况，把握环境因素的优势与限制；了解本专业和本行业的地位、形势以及发展趋势。只有这样，才能在职业生涯规划中做到趋利避害，提高职业生涯规划的实际意义。

2. 确定目标

职业生涯规划的目标包括长期目标、中期目标和短期目标。长期目标一般是指今后职业发展的最高点或职业理想，时间为 10 年左右；中期目标时间为 5 年左右，主要是指为了实现个人的职业理想，在大学期间和毕业后一段时间内应当达到的目标；短期目标的时间可分为一年、一月、一周、一日等。长期目标可以使人看到未来发展的美好前景，中期目标可以规划经过努力所要达到的阶段性目标，而短期目标则可以把长期目标、中期目标分解到较短的时间内。短期目标的实现可以强化实现目标过程中的积极行为，增强实现中、长期目标的信心。因此，在确立长期目标时要立足现实、慎重选择、全面考虑，使之既有现实性又有前瞻性。一旦制定就不要随意更改，所谓“有志之人立长志，无志之人常立志”，说的就是这个道理；中期目标的确立应切合实际，有一定的操作性，切忌大而空；短期目标要细化至具体的工作、完成时限，要便于操作与检查，以便及时获得反馈信息。

确定目标的过程中，可以根据自己的个性特征、兴趣爱好、习惯等，在充分自我评估与职业机会评估的基础上来考虑，体现目标的个性化特点。此外，还应考虑性别因素，明确性别的优势与劣势。

3. 职业定位

职业定位就是要为职业目标与自己的潜能以及主客观条件谋求最佳配置。良好的职业定位是以自己的最佳才能、最优性格、最大兴趣、最有利的环境等信息为依据的。职业定位过程中要考虑性格与职业的匹配、兴趣与职业的匹配、特长与职业的匹配、专业与职业的匹配、客观形势与职业的匹配等。职业定位应注意：

● 依据客观现实，考虑个人与社会、单位的关系。

● 比较鉴别职业的条件、要求、性质与自身条件的匹配情况，选择条件更适合自己特长、更感兴趣、经过努力能很快胜任、有发展前途的职业。

● 扬长避短。看主要方面，不要追求十全十美的职业。

● 审时度势，及时调整。

4. 制订行动方案

行动方案的制订是职业生涯规划付诸行动的重要环节。没有行动，职业目标只能是一种梦想。要制订周详的行动方案，更要注意去落实这一行动方案。如为实现职业理想，在学习方面，你计划学习哪些知识？掌握哪些技能？在潜能开发方面，你可能的潜能有哪些？采取什么有效措施开发你的潜能？在社会实践方面，参加哪些社团活动提高你的实践能力？参加哪些实践活动可以提高专业能力？在素质拓展方面，怎样使自己尽可能多方面的全面发展？都要有具体的计划与明确的措施，包括时间分配和具体落实措施等。行动方案的制订贵在实事求是，重在可操作性。

5. 反馈与修正

职业生涯规划是否合理、有效，必须通过实施才能检验；通过实施效果的反馈信息，来诊断整个规划的科学性、实效性及针对性，及时找出规划各个环节存在的问题，采取相应对策，对规划进行调整与完善。在规划修正的过程中，要特别注意突出规划中有效部分的完善和相对稳定性，同时要有良好的变通能力。根据环境与情境的变化及时修改和调整职业生涯规划，做到相对稳定与变通相结合。

以上五个步骤既相对独立，又相辅相成，往往要经过多次反复才能形成较为合理的职业生涯规划。

心灵故事

某高职学院2013级电子商务专业的学生潘天亮性格开朗，因喜欢玩电脑，才报了电子商务专业(初中二年级时开始接触电脑)，但他并不喜欢数学和英语。上大学后，听同学议论，电子商务专业学好计算机很重要，计算机语言和逻辑程序的学习需要较强的数学和英语基础，否则学不好这个专业。潘天亮想从事电子商务行业的理想几乎要破灭了，开始怀疑自己选错了专业。

在一次与老师的交流中，老师启发他，电子商务行业不仅需要计算机技能专家，更需要管理专家。你性格开朗、有责任心、善于与人沟通，可以侧重学习如何管理电子商务行业的知识和能力，再说你的数学、英语基础也没差到影响你学习计算机的地步，你要在自己的强项上发展。老师的一席话使他茅塞顿开。他重新调整了自己的职业岗位目标。

他在学好专业的同时，更加关注学习管理理论。为了拓展学习管理知识，侧重选学管理类选修课、到工商管理专业旁听企业管理课、聆听学校举办的各种管理学的讲座。尤其是他将学到的管理知识运用到班级管理、学生活动管理、宿舍管理、社团管理、自我管理等实际生活中。

在校三年，他帮助所在系建立了自己的网站并成为网站管理主力。毕业后，他如愿以偿，与他的一位“天才”同学同时被聘为一家大企业的网站管理员，并很快成为管理部主任、经理助理。

分析：

首先，我们应肯定，潘天亮同学是有目标追求、爱学习的同学，这为他今后学习和职业的成功奠定了基础。其次，潘天亮同学从喜欢电脑到报考电子商务专业，是一个学习目标的选择，是比较符合学习规律的，一般来说，喜欢某件事，就容易把某件事做好。但这并不意味着不会遇到学习上的困难。困难是不以人的意志为转移的。潘天亮同学在遇到困难时也曾迷茫过，这是正常的。最后，潘天亮在遇到困难时，知道并主动找老师获取帮助，这是很聪明和理智的，正是在老师的开导下，他正确地认识了自我，明确了自己的优势，建立了学习的信心并找到了正确的学习方法。在学习中有目标、有计划、有措施，注重将学习的知识运用于实践，很好地发展了自己的强项，他的成功是必然的。

三、大学生职业生涯规划的误区

(一)职业生涯规划可有可无

职业生涯规划观念淡漠，是当代大学生的普遍特点。许多大学生表示自己从来没有对自己的职业生涯作过正式的规划，只知道大学生就业形势特别严峻，从进校开始就十分紧张，在感到不平的同时，并没有认真规划自己的职业生涯。也有不少大学生认为职业生涯规划可有可无，反正能否就业不是由自己说了算，听天由命。还有的大学生认为，自己尚处于学习阶段，未来有太多的不确定因素，所以现在规划自己还为时过早。这些想法造成的后果是学习的无目的性，影响了学习的效益。

(二)职业生涯规划主要是毕业生的任务

不少大学生在谈及职业生涯规划时，都毫不怀疑地认为，这主要是毕业生的任务，而其他年级的学生是不必为职业生涯规划而“浪费”时间的，认为计划不如变化快，职业生涯规划等到即将毕业时再做不迟，其实这是一种误区。如果不从走进大学的第一天开始，就接受有关职业生涯规划的理念，逐渐形成自己的职业发展规划，到毕业真正面对就业问题时，就会陷入盲目状态。当到就业时才意识到自己在专业水平和能力方面存在不足，则已经无能为力了，就会出现不知所措的局面。

事实上，不容乐观的就业形势已经让一些大学生意识到这一点。职业生涯规划从大一起就应该作为重点工作来做。一方面，通过职业生涯规划，可选择适合自己发展的职业，确定符合自己兴趣与特长的生涯路线。另一方面，可促进职业修养、价值观等“内在”素质的提升。

(三)职业生涯规划中的自我定位不准

许多大学生没有做好自身的职业生涯规划，首要的原因是对自己认识不清，不知道自己想干什么、适合干什么，想进行职业生涯规划，但不知如何下手。在制订职业生涯规划时，第一步就要面对现实，作一个全面的自我分析。进行自我评估的目的是要找出自己的优势和不足。不幸的是，许多大学生在评估过程中，不是过左就是过右：有的只注意到自己的优势，甚至夸大自己的长处，忽略自己的短处，结果是眼高手低，不切实际；还有的却看不到自己的优势所在，对自己过分否定，认为自己一无是处。不断地从自己身上找缺点并克服这些缺点，的确是难能可贵的，但过分地否定自己，也容易让自己失去信心。缺乏自信的人，其事业是难以成功的。

要准确地进行自我定位，就要做好“四定”，即“定向”，确定自己的职业方向；“定点”，定自己职业发展的地区和地点；“定位”，确定自己在社会上的位置；“定心”，做到心平气和。这些实际上就是解决职业生涯规划中“干什么”“何处干”“怎么干”“以什么样的心态去干”这四个最基本的问题。这样，既可以防止“低价出售”自己，也可以防止期望值过高而一无所获。

(四)职业生涯规划急功近利，把就业、职业与事业混为一谈

不少大学生忽视职业生涯规划过程的动态性和阶段性，盲目从众，急于求成，甚至企图走“捷径”实现目标，不考虑自己的实际情况。一项调查显示，95%的同学表示自己两年之内要做主管，5 年后成为部门总监。这样的职业生涯规划对于大多数大学生而言显然是不现实的，最终只能导致他们的失望与挫败。

有些大学生把就业、职业与事业混为一谈，认为就业等同于职业，甚至把就业与一生的事业发展画上等号。因此，在就业问题上显得优柔寡断，把就业当成一生中带有定格性的事情来对待，既不利于毕业时就业问题的解决，更不利于长远职业生涯的规划，更谈不上事业发展。人们通常认为人生职业有三个层次：第一层次是就业，维持生存；第二层次是职业，从事比较稳定的工作，满足基本的物质需求；第三层次是事业，这个层次不仅有丰富的物质生活，更有精神上的满足感。这三个层次逐步推进、逐步实现，并不能一步到位。“先就业，后择业，再创业”正成为当代大学生选择的一种择业新理念。当然，“先就业，后择业，再创业”也应围绕就业、职业、事业三个层次逐步推进。

第二课　大学生择业心理准备

择业，是大学生毕业之际必须要面临的问题，而大学生择业心理的优劣与择业是否顺利直接相关。大学生保持良好的择业心理既有利于自身的心理健康，又有利于成功就业。

一、影响大学生择业的心理因素

择业心理是指大学生在选择职业过程中的思维、情感、性格、气质、能力等的综合反映。在择业过程中，择业主体的气质、性格、兴趣和能力等个性心理对职业的选择和确定影响最大。只有从自己的气质、性格、兴趣和能力等条件出发，才能合理地选择自己的职业，充分发挥自己的优势去获得事业的成功。

(一)气质和性格对择业的影响

1. 气质

气质是指个人生来就具有的心理活动的动力特征。心理学将人的气质分为四种：多血质、胆汁质、黏液质、抑郁质。不同的气质赋予人不同的特点，不同气质类型的人适合不同的工作种类。

多血质的人活泼好动，反应迅速，注意力容易转移，容易接受新生事物，情绪不稳定且明显外露。他们能以较大的热情去工作，满腔热血地对待工作，勇敢地克服前进中的困难。然而，他们容易对工作失去兴趣，陷入沮丧之中，给工作带来负面影响。这种气质类型的人适合从事感兴趣的、困难较大的工作，如探险、记者等。

胆汁质的人直爽热情，精力旺盛，脾气急躁，容易冲动，勇敢积极，具有很高的兴奋性和较弱的抑制力，能够以极大的热情投身事业，克服达到既定目标的困难，在从事多样化和多变化的工作时，成绩卓著。这种气质类型的人适合做开拓性、反应迅速而敏捷的工作，如营销、公关、导游等。

黏液质的人神经过程均衡，但灵活性较差。表现为安静稳重，善于忍耐，但反应缓慢，不够灵活，能够较好地克制自己的冲动，严格遵守既定生活秩序和工作规定。这种气质类型的人比较适合从事固定性强又需细心谨慎、有条理和持久的工作，如会计、收银、文秘等。

抑郁质的人细心谨慎，感情细腻，较孤僻，善于思考，缺乏果敢。他们的神经过程较弱，不能忍受太大的精神刺激，情绪体验丰富，和他人相处时很小心。这种气质类型的人适宜从事需要细心、谨慎的工作，如心理咨询师。

每个人的气质类型往往不是鲜明地表现为一种，通常表现为两种或两种以上气质类型的综合。根据气质类型确定职业倾向的时候，应该以自己表现最强的气质类型为重心，兼顾表现较弱的气质类型特征。

2. 性格

性格是个人对现实稳定的态度和习惯化了的行为方式，有外向和内向之分。性格外向的人通常爱好交际，善于活跃气氛，适合做与人交往的工作，如律师、记者、管理人员、政治家等。性格内向的人比较有耐心，做事较为谨慎，适合做类似研究的工作，如医生、科学家、工程师、技术人员、会计、编辑等。

性格和气质有一定的联系，通常胆汁质和多血质的人表现为外向，黏液质和抑郁质的人表现为内向。气质通常有天生的成分，一旦形成就很稳定。性格具有很大的可变性，容易因为经历和遭遇的不同而发生变化，而且性格可以在一定程度上掩盖和改造气质。在选择职业的时候，要以气质和性格为根据，因为气质和性格决定了一个人适不适合做某类工作。

(二)兴趣对择业的影响

兴趣决定了一个人对所从事工作的态度是否积极。兴趣浓厚能增强人的工作能力，缺乏兴趣会对人的工作能力造成负面影响。职业兴趣在职业活动中的作用主要表现在以下几方面。

第一，兴趣可以影响职业的定向和选择。选择职业时首先应考虑的是对这一职业是否有兴趣。只有对某种职业有浓厚的兴趣，人们才可能投入最大的热情，坚定地追求，努力地工作。

第二，兴趣可以挖掘人的潜力，激发创造热情。一个人如果对所从事的工作有浓厚的兴趣，就会促使自己积极调动整个身心，最大限度地发挥出自己的潜能，激发探索和创造的热情，帮助事业获得成功。

第三，兴趣可以促使人克服工作中的困难。

(三)能力对择业的影响

能力是人顺利完成某种活动所必须具备的心理特征。人的能力分为一般能力和特殊能力。要完成某种活动，必须具备一定的一般能力和该种活动所需要的特殊能力。一般能力是各种活动都要具备的能力，如观察力、记忆力、思维力、想象力等，也就是平时所说的智力。特殊能力是从事某一特定活动需要的能力，如音乐、绘画、写作、体操等。人的智力水平有高有低，特殊能力各不一样，不同智力水平和不同特殊能力的人适合不同的工作。比如，想象力和语言能力较强的人可以做作家，逻辑推理能力和口头表达能力较强的人适合做律师，数理能力和逻辑思维能力较强的人可以从事数学研究工作。

不同的职业对能力的要求是不同的，如果不具备职业所要求的能力，即使再多的努力和付出都是难以成功的。只有对自己的能力做出全面客观的评估，选择能力要求与自己相当的职业，才能避免以后在工作中出现“力不从心”或“大材小用”的尴尬局面，促进事业的成功。

当然，气质、性格、兴趣和能力对职业生涯的影响也不是绝对的，因为事业的成功还要受到机遇、环境、意志等因素的影响。只有各种因素的组合为最佳的时候，事业才会铸就辉煌。

二、大学生择业的客观环境

环境是影响择业观念和行为的一个重要因素。只有适应环境、寻找有利于就业的有利因素，避免不利因素，才可能制订出符合现实的择业目标和计划，成功就业。

(一)当前社会的发展形势

从世界范围来看，全球已经进入了知识经济时代，高科技特别是信息技术的飞速发展，推动了世界经济的发展进程，给全球经济和就业带来了一场空前的革命。从国内来看，我国正处在快速发展的时期，改革开放取得了巨大成就，综合国力得到了很大的增强，科教兴国战略已经深入人心，尊重知识、尊重人才已经成为人们的自觉行动，教育培养出了一批又一批的社会主义现代化建设者。

我国正处在社会发展的转型期，在这一时期，我们既要完成200多年前西方社会就已经开始的传统工业化，还要应对当前世界科技新发展带来的挑战。要完成这两项任务，我们要努力调整产业结构，对第一产业、第二产业、第三产业结构进行合理的布局，进行资产重组。这样的结果就是：一方面，会从原来的岗位中分流出一部分劳动力；另一方面，需要新的劳动力来补充新增加的岗位。

我国的发展还有一个鲜明的特征，就是经济社会发展的地区性不平衡。东部沿海地区在改革开放的大背景下取得了令人瞩目的成绩，对大学毕业生具有较强的吸引力，人力资源已趋于饱和。而中西部地区、基层和一些艰苦行业亟须人力资源的补充。

(二)大学生的就业形势

随着高校毕业生就业制度改革的逐步深入和就业机制的市场化，大学毕业生在就业问题上有越来越难的趋势，许多学生在没有毕业之前就有非常严重的紧迫感和危机感，甚至有“毕业就失业”之说。大学生就业难的原因主要有以下几点。

1. 大学毕业生人数增加

从1999年起，高校连续扩招，增幅较大，造成高校毕业生高存量、高膨胀，给高校毕业生就业带来新的压力和难度。教育部提供的统计数字显示，2001年高校毕业生114万人，2006年达413万人，之后几年每年以50万～60万人的速度增长。2012—2013年是“史上最难找工”的时期，数据显示，2013年中国高校毕业生人数达699万，是新中国成立以来大学毕业生最多的一年。

2. 大学毕业生就业心理存在的问题

当前，在严峻的就业形势下，部分大学生自我心理调节能力相对滞后。一方面，部分大学生没有正确认识自己的现状，好高骛远，眼高手低，不能对就业进行准确的定位；另一方面，部分大学生不能适应社会的要求，不能根据职业要求调整自己的就业心理。

3. 就业难问题具有相对性

我国就业难是相对的，不是绝对的。这是因为一方面大学生感到就业难，不好找工作；另一方面还有很多岗位无人就业。总的说来，东部沿海地区很多人找不到工作，而西部边远地区有很多岗位还需要人；高薪、工作条件好的岗位人满为患；低薪、工作条件差的岗位少有人问津。

4. 不平衡的人才结构

当前我国正大力进行产业结构调整，为了整合资源，提高劳动生产率，过去很多重要的就业岗位被淘汰了，从事这些工作的人失业了；另一方面增加了许多新岗位，但是因为没有合格的劳动者而无人就业，这就是我国人力资源存在的结构性问题。因此，一些劳动力和大学毕业生找不到工作的原因不是因为没有岗位，而是因为自己的知识、技术达不到相关岗位的要求。

(三)当前社会对人才的要求

1. 完善的知识结构

大学生必须要具备广博的基础知识，深厚的专业知识与技能和敏锐的动态知识。作为一名专业人才，知识结构要做到“博”“深”“活”。“博”就是要有广博的知识面和知识背景。例如，学管理的除了要精通管理学知识外，还要有经济学、历史、文学等学科知识背景。“深”就是要有专攻的领域。“通才”是没有的，只有在“博”的基础上加“深”，才能成为真正的专业人才。“活”就是知识结构要灵活多变，特别是对本专业的前沿知识要有敏锐的观察力，更好地适应不断变化的工作环境，形成创造力。

2. 突出的工作能力

工作能力是胜任一个工作岗位的必要条件。它往往是用人单位考虑是否录用应聘者的首要条件。不同的工作岗位对工作能力的要求是有差别的，但总的说来，工作能力除岗位所需要的专业能力外主要包括表达能力、创新能力、人际交往能力、组织能力和竞争能力等几种能力。

(1)表达能力。语言是一门艺术，语言表达能力强的人往往是驾驭能力出众的人。

(2)创新能力。大学生具有思维敏捷、接受新事物快、热情高、思想束缚少的特点，这是在工作上能创新的重要条件。

(3)人际交往能力。“人是社会的人”，只有学会妥善处理各种社会关系，才能在生活中与人相处，在领导和同事心中留下良好的印象，心情舒畅的学习和工作。

(4)组织能力。不论做什么工作，都离不开一定的组织和管理。要把工作开展起来，计划付诸实践，没有一定的组织能力是不行的。

(5)竞争能力。现代心理学研究表明，竞争能提高人的工作效率，使人产生一种紧迫感、压力感和危机感，强化人们永不满足、向上奋进的情绪，使人精神焕发，考验和锻炼人的意志。竞争能力是现代人才必备的重要能力之一。

3. 合格的人文素质

(1)思想政治素质。生活在一定社会环境中的人，都必须具备与社会主流意识相一致的思想政治意识，否则，他必定会被这个社会所抛弃。生活在社会主义中国的所有中国公民，必须要具备拥护社会主义、热爱祖国、传承中华民族的民族精神等思想政治素质。

(2)身体和心理素质。大学生要适应市场经济的激烈竞争，迎接工作环境的不断挑战，就要有健康的体魄，这样才能保证有充沛旺盛的精力。同时，大学生要有坚强、果断的意志品质，健全的人格品质和自我心理调节能力，有经受挫折和压力的良好心理素质，才能适应未来社会的竞争。

第三课　大学生择业心理调适

一、大学生择业心理问题

(一)焦虑心理

就业的市场机制使大学生求职呈现多元化的趋势，既拓宽了大学生的就业面，也给大学生就业带来了巨大的压力。加上其他的一些原因，一部分大学生到了毕业的时候也没有找到合适的工作。本来这是一种正常现象，但很多学生害怕自己也进入了这个行列而忧心忡忡。一般说来，适度的焦虑能使大学生产生压力，这种压力能促使人改变自己的惰性，增强进取心和积极行动的能力，产生求胜的心理和行为。但是，如果心理上过度焦虑不安，就会影响人主观能动性的发挥，给就业带来不必要的困难，影响就业进程，甚至导致就业失败。

过度的焦虑心理使有些大学生对就业前景充满恐惧，对用人单位的严格录用程序胆战心惊，失去信心。尤其对自己向往的待遇高、发展前景好的单位，参加竞争的人越多，录用条件越严格，有些学生就失去了参与竞争的勇气。另外，这种焦虑心理表现得很普遍的就是急躁。为了能很快找到工作，有些大学生急躁地等待用人单位的笔试、面试和录用。一旦用人单位有了结果，不管用人单位提供的工作岗位与自己的愿望是否相符，就匆匆签下了就业合同。

(二)盲目心理

由于对自身和现实的认识存在一些偏差，大学生在就业过程中常常表现出盲目的心理：

有些大学生有盲目攀高的心理。大学生受传统就业观念的影响，还未完成从“天之骄子”到普通劳动者的思想转变。对现代社会劳动力结构的学历需求缺乏充分的了解，且缺乏恰当的自我职业定位，择业期望高于自己的实际状况，表现为挑三拣四，一味地求高、求大。这类大学生往往把“工作条件好、经济收入高、社会地位高”的工作作为择业目标，一心只想去大城市、好单位，去沿海经济发达地区，甚至有相当一部分毕业生认为读几年大学却到基层单位就业实在不值得，宁可待业在城市做闲人也不屈就。

还有些大学生有盲目从众的心理。毕业生的择业期望水平会受到其他择业者的影响。虚荣心、侥幸心理会使他们改变原有的自我期望而采取不切实际的从众行为，在选择工作时自己毫无主见，常被家长和同学所左右，不根据自己的实际情况做出切合实际的选择，丧失了最能发挥自己特长的机会。

(三)自卑心理

大学生在毕业时虽已意识到要找到自己满意的工作必须把自己放入人才市场与他人进行激烈的竞争，但一些学生在面对竞争时往往又顾虑重重，焦虑与恐惧并存，害怕遭到拒绝。这些大学生缺乏客观的自我认识，认为自己学历不高或专业不好，也没有良好背景，在就业的具体过程中，一种自卑感不知不觉地产生。由于不自信，他们对自己形成了一种消极的自我暗示，总是想着自己不如他人，从而面对用人单位的招聘和激烈的竞争不能应付自如，最终导致错失机会。

(四)自负心理

在就业过程中产生自负心理的大学毕业生通常有这几类：一是有些名校的毕业生，他们具有“品牌优势”，时不时地表现出自己的骄傲和自负，往往只看到自己的优点，看不到自己的缺点，感觉良好，自命不凡。这些人在择业时常常表现出很强的优越感，以自己的学历、学校品牌作为资本，在择业中挑剔、攀比，提出过分要求，最后导致择业不成功。二是有些学生干部或自身能力强、个体条件好的大学生，他们社会活动多，见多识广，无形之中产生了自负高傲的心理。自以为是“皇帝的女儿不愁嫁”，择业期望值过高，既渴望自身价值的实现，又对薪金、发展前景、地区环境等过多挑剔，结果往往事与愿违。

(五)依赖心理

在择业中，一部分大学生缺乏清醒的认识和足够的勇气，不能自主地选择就业单位，总想依赖社会关系，依赖学校、老师，甚至父母和亲属为自己找工作。产生这种现象是因为有些大学生依赖心理过重，尽管到了生理成熟的年龄，但往往表现出与年龄不相称的幼稚心理，反映在毕业生身上就是心理上不能就业，总感觉自己仍未长大，“校漂族”“啃老族”就是典型的依赖心理过重的群体。他们不接受自己已经面临就业的现实，在行为上表现出不自信，遇到问题往往缺乏勇气，不敢面对竞争。

心灵故事

崔同学是大三的毕业生，还有几个月就要离校了，越来越多的问题让他焦虑不已——拖欠学费、两门功课需重修，参加了几次招聘会都不尽如人意。家人却对他寄予厚望，以为他马上就可以成为国家干部。并且，感情危机也冒了出来，谈了两年的女朋友去了省外的一所中学，分手几乎是必然的。所有的问题压得他非常抑郁，却没办法解脱。

分析：崔同学要减轻这种压力，首先，要认清自己，给自己一个正确的衡量标准和评价，无须求全责备、作茧自缚。在选择适当目标完善自我的同时，还应看清自身的不足，努力改进，并保持愉悦的心情。其次，要面对现实，不制定无法实现的目标，不拿自己的短处与他人的长处做比较，以平和的心态对待一切。最后，要学会诉说，向好友诉说喜怒哀乐或与辅导老师交流，以缓解和消除心理压力或紧张。

二、大学生择业心理调适

（一）保持正确的择业心态

在经过了十多年的学生生涯之后进入社会工作，这就意味着经济的独立，有机会发挥自己的专长，实现自身的社会价值和成就愿望。但要想找到一份真正适合自己的工作，却并不容易，需要我们有正确的择业心态。

正确认识自我是保持正确择业心态的前提。心理学研究表明，“人的心理困惑和障碍都是由于不良认知引起的，一个人对自己的认识越是与自身实际相符合，这个人的心理健康水平就越高；反之，不能对自己作出客观评价和认识的人，越不能认识自我，调整自我，对他人的防御越多，对社会的适应能力就越差”。正确认识自我，最重要的是要正视自己的现实状况，为自己选择适当的职业。

此外，要正视自己所面对的形势。当前我国大学生面对的形势是不太发达的社会生产力和还有待完善的就业机制。不太发达的社会生产力决定了职业与职业之间还存在着较大的差异，社会为大学毕业生提供的岗位还难以满足其需求。就业机制不完善，就业市场还不规范，就业中的不公平竞争还存在等，这些都需要大学生以一种平常的心态对待就业中的得与失。

（二）确立合理的就业目标

确立就业目标是就业成功的第一步。在确立就业目标的时候，应先考虑“我能干什么”，即认真客观地分析自己的兴趣特长、性格气质、能力水平等。然后才是“我想干什么”。根据自己的择业条件确立合理的就业目标，这个目标既不能太低，也不能太高，把握好就业期望值的“度”。要想把握好这个“度”，还要正确认识当前的就业形势，考虑自己的专业和理想职业在社会上的需求量如何，竞争强度如何；自己的理想职业与自己所学的专业是否相符，如果不符合，该如何弥补；将要去求职的单位对求职者有何具体要求等，综合考虑以上因素，确立就业目标，就会比较符合实际。确立合理的就业目标应该注意以下两点。

第一，克服图虚荣、图享受、图安逸的思想倾向。一些大学生在选择职业前不顾自己的条件和社会的现实，一心只想找一份“让人羡慕的工作”，结果却是，要么因超越现实而败北，要么在得到工作之后才发现自己无法胜任。

第二，防止期望值过高。大学生就业存在的期望值问题通常是期望值过高，常常因为期望值过高在就业的道路上功败垂成。确立合适的期望值就要清晰地分析自己，明确文凭不等于能力，理论和实践的水平不是完全一致的，虚心学习，采他人之长，补己之短，把远大的理想落实在从基层做起的一个个脚印之中。

(三)树立择业的自信心

“世上只有没能获得成功的人，没有不能获得成功的人。”自信心是一个人格健全的人必须具备的心理素质。它是一个人前进的动力，对待生活的信心，事业成功的保障。自信是对自己的一种积极评价，大学生要相信自己具备某项职业所要求的条件，鼓足勇气，参与竞争，不要面对就业就患得患失，忧心忡忡，无法适应。

自信不是盲目的自负、自傲。对择业的自信心是以充分的就业准备为基础的。树立自信的最根本途径是提高自己的能力水平。自信心并非短时间内所能树立的，大学生只有搞好学业，发展特长，全面提高自己的综合素质，面对择业时才可能信心十足。

(四)提高抗挫折的能力

择业过程中的挫折是每位大学生都可能面对的问题，提高抗挫折能力，正确看待择业中的困难和失败，是培养健康心理的重要环节。

第一，要对可能遇到的困难和挫折有一定的预见性。在就业竞争中，困难和失败是在所难免的，尤其在择业的负性环境因素较多，大学生自身心理素质还不完善的情况下，择业中遇到挫折是很正常的事。有些同学一遇到挫折就感到脸上无光，感到心灰意冷，产生自暴自弃的念头，这正是心理承受能力差的表现。

第二，对在择业过程中遇到的困难和失败要认真分析，总结经验教训。失败是成功之母。大学生应把挫折当作锻炼意志、增强能力的机会。遇到挫折后要放下包袱，仔细寻找失败的原因，根据实际情况的变化，调整自己的择业目标和择业心态，增强对形势变化的适应性，争取新的机会。

第三，培养坚强的个性。一个人在事业上能否取得成功，不仅取决于能力的大小、环境的优劣，更主要的是，是否具备坚定的信念和坚强的意志力。

择业是一项艰巨的任务，不可能一步到位、一蹴而就。大学生应该正确面对择业中的挫折，培养自己的抗挫折能力，以积极、健康的精神状态应对变化多端的人才市场，在择业中把握主动权，以获得最后的成功。

思考与练习

1. 大学生职业生涯规划的步骤有哪些？
2. 大学生职业生涯规划存在哪些误区，应该如何调适？
3. 影响大学生择业的心理因素有哪些？
4. 大学生在择业过程中常出现哪些心理问题，应如何调适？

拓展训练

训练一：了解你的职业观

目的：明确自己的工作目的，了解工作的价值，接受不同的价值观，分析自己的职业观。

准备：一张测验表

A. 想在社会上有所成就

B. 享受生活

C. 希望经济宽裕

D. 想试试自己的能力

E. 希望贡献社会

F. 想对企业发展有所贡献

G. 确立自己独立生活地位

H. 希望每天悠闲度日

I. 重视家庭生活

J. 其他

时间：30分钟

步骤：

第一步，测验说明。说明测验的目的与将要获得的效果。(5分钟)

第二步，在上述十项中选出最贴近自己的三项，并按贴近程度排出第一位、第二位、第三位。(5分钟)

第三步，结果探讨。全部记录完毕后，以小组为单位相互讨论，交换意见。在讨论中说明所选择的第一位至第三位的理由，究竟对其持何种价值观。无须讨论选择的优劣，要强调每个人都有自己独特的价值观。(10分钟)

第四步，整理结果。将全体同学中具有代表性的体验和观点向大家宣布，如讨论对工作目的有何看法的问题等，探讨工作的意义。(10分钟)

训练二：模拟招聘

活动设计：自由组成10人左右的小组，共同完成职业生涯规划方案，商讨求职策略。两个小组结对子，一组扮演招聘方各部门负责人，另一组扮演应聘方，进行模拟招聘初试、复试全过程。之后互换角色交替进行，最后展开讨论，每个小组选派一名代表发言，谈谈自己的感受。

学习反思

第九单元 大学生网络心理

学习目标

1. 了解大学生网络心理，领会网络对于大学生的积极和消极的影响。

2. 掌握网络心理障碍的不同表现，尝试甄别不同的网络心理障碍。

3. 能够合理利用网络，形成正确的网络认知和心态，养成良好的网络心理素质。

单元导入

随着信息传输技术的发展和我国信息网络建设力度的加大，互联网很快成为与电视、广播、报刊齐名的第四媒体，并以其高速度、大容量、交互性强等特点而成为人们了解世界、认识世界的有力工具。特别是互联网的日益普及，现代人越来越清晰地认识到“网络社会”已经来临。互联网以其内容丰富、信息量大、影响面广、传递速度快、雅俗共赏等特点极大地改变着人们的生活、学习、工作和思维方式。可以说，互联网已逐渐渗透到社会生活的各个角落，成为社会经济、文化活动和个人生活的重要平台，并在各个领域产生了重大影响。

网络因其独特的魅力受到人们尤其是大学生的“青睐”。但网络也是一把“双刃剑”，在给人们带来积极作用的同时，也会带来暴力、色情、极端主义等方面的不健康影响，尤其对世界观、价值观尚未完全定形、自控能力相对较弱的青年大学生而言，这种负面影响可能会更大。

第一课　大学生的网络心理特点与需求

一、互联网及其特性

(一)认识互联网

计算机网络正式诞生于1969年，至今仅40余年，但其在国民经济和社会发展中所起的作用却越来越大，其技术日渐成熟，应用范围越来越广。

相关链接

Internet起源于20世纪60年代末美国的ARPA，当时在网上只有4台主机。1977年便增至100台，到1984年10月，Internet上的主机数发展到1024台，1989年上半年主机数达到10万台。此后，大约经过3～4年时间，网上的主机数就超过100万台；1996年，超过1000万台；1997年，超过2000万台；1998年，超过4000万台；1999年，超过6000万台；2000年，超过7000万台。

ARPA是Advanced Research Projects Agency(高级研究计划局)的缩写。该组织是在1957年苏联发射第一颗人造地球卫星Sputnik后，为追赶苏联在美国国防部成立的，旨在使美国居于全球军事科学技术方面的领导地位。美国国防部委托ARPA承担ARPANET的开发任务。

当今世界计算机网络已经成为人们生活中不可缺少的一部分。随着网络的发展，拉动了一些新兴产业，如网络游戏、网络聊天、在线影视、IP电话等的飞速发展。同时，网络传媒、电子商务等给更多企业带来了无限商机的同时，也深刻地改变和影响着当代人的生活习惯和思维方式。

如何定义计算机网络，至今还没有统一的认识，比较通用的定义是：指将地理位置不同的具有功能独立的多台计算机及其外部设备，通过通信线路连接起来，在网络操作系统、网络管理软件及通信协议的组织下，实现资源共享和信息传递的计算机系统。

一个计算机网络系统应用至少包括以下几个部分：使用多个功能独立的主机，使用各种通信设备和通信线路组成的通信子网，使用各种网络操作系统和网络管理软件。

计算机网络的基本功能有数据通信、资源共享、分布式处理、实时的集中处理、提高可靠性等，其中，数据通信能力是计算机网络最基本的功能。随着网络技术的不断发展，还会产生更多新的功能。

目前，网络电视(VOIP)、点对点网络技术(P2P)、通过 IP 宽带网络传送的电视类业务(IPTV)、即时通信、搜索引擎等新技术、新业务的出现，对互联网监管提出了很高要求。

想一想

1. 结合现实生活想一想互联网带给大学生的负面影响。

2. 如果你是互联网监管人员，你会怎么样对互联网进行有效监管？更好地避免互联网带来的负面影响？

(二)互联网(Internet)的特性

Internet 是当今世界上空前大规模与高技术的特大型互联网络，并作为 21 世纪信息高速公路的雏形，具有任何其他网络都没有的一系列特征，其中主要是广域性、广泛性、高速性和综合性等。

1. 广域性

目前世界上有着多种类型的 WAN，应该说，这些 WAN 都具有一定的广域性特征，而 Internet 又是由许多这样的 WAN、LAN 和主机互联而成的。可以说，在现今世界上几乎所有主要的 WAN，都已接入 Internet，Internet 所覆盖的地理范围就是这些 WAN 覆盖范围的总和。它已遍布于世界上的 170 多个国家和地区。因此说，Internet 所具有的广域性是任何其他 WAN 所无法比拟的。

2. 广泛性

上述的广域性是指 Internet 所覆盖的地理范围十分辽阔。而广泛性则指 Internet 所涉及的行业、部门及人员十分广泛，如有政府机关、科研机构、学校、金融和商业系统、医院、娱乐场所乃至千家万户，而且随着 Internet 和 Intranet 的高速发展，Internet 将会与几乎所有的行业及广大居民有关。

3. 高速性(宽带化)

在 Internet 还是以 ARPA 为主干网络的第一阶段时，主干网的传输速率还只有数十 kbps，尚不具有高速性。而到以 NSF 为主干网的第二阶段时，主干网的传输速率已达到几 Mbps～几十 Mbps，可以说，它此时已具有一定的高速性。而到 Internet 的第三阶段时，在网上的主机和用户数目急剧膨胀，使在 Internet 上的信息流量急剧增加，推动 Internet 向着更高的速率发展。当前已经建立起以 ATM 交换器为中心的主干网，其传输速率已提高到 155Mbps，逐渐地，Internet 将发展成信息高速公路。

4. 综合性

从 Internet 最近的发展趋势可以看出，它最终必将走向“三网合一”和“三电合一”之路。所谓“三网合一”是指公用交换电话网(PSTN)、公用数据网(X. 25)及有线电视网(CATV)三者融合为综合性通信网；所谓的“三电合一”是指，把电话、电视和电脑三者融合为综合性终端，向用户提供数据、语音和图像的多媒体业务。当前已有相当多的公司正大力开展以 Internet 作为通信平台的研究，以实现电话通信和视频的综合传输，并推出了相应的商业软件。利用计算机在 Internet 上打电话的用户数已达数百万之多。

二、大学生网络心理特点

随着网络越来越成为大学生生活中的重要组成部分，它对大学生的学习方式、交流手段和生活习惯等产生了巨大的影响。

（一）大学生是我国网络用户的重要组成部分

相关链接

据中国互联网络信息中心（CNNIC）第 31 次中国互联网络发展状况统计报告显示，截至 2012 年 12 月底，中国网民规模达到 5.64 亿人。其中高中和大专以上学历人群中互联网普及率已经到了较高的水平，尤其是大专以上学历人群上网比例接近饱和。

据统计，大学生上网比例高达 95%以上。大学生作为新技术、新知识的学习者，已经融入了滚滚的网络浪潮，成为网络信息社会的弄潮儿。

（二）网络对大学生的影响

大学生网民属于年轻有活力、思想活跃、勇于创新、富有冒险精神的一个群体。在网络活动方面，呈现出以下几个鲜明的特征。

第一，网络交友盛行。大学生是网络社交最活跃的一个群体，突出表现在发帖上，6 成的大学生半年内都在网上发过帖，比全国总体网民的发帖比例高出 26.6 个百分点。其中即时通信占 96.4%，更新博客/个人空间占 50.3%，网上发帖占 62.4%。网络交友不受地域、经济条件和社会地位等制约，还具有快捷便利、费用相对低廉、匿名等特点，使得网络交友迅速兴起。网民通过互联网分门别类的论坛，更易于找到具有共同兴趣爱好的朋友。并且，互联网的匿名性使得网民更愿意在网上倾吐心声，给网民提供了一种新的心理调节渠道。互联网交友兴起的同时，也带来了许多需要注意的负面影响。互联网轻松匿名的环境，使得互联网成了一个发泄的渠道，很多网民将心中的阴暗面放大了放在网上，极端主义思想时有呈现。同时，网民迷恋于在网上交友，会有忽略真实生活中的交际的倾向。时间久了，可能会对网民在现实生活中的人际交往造成心理障碍。

第二，大学生网民网络娱乐行为倾向明显。在校大学生玩网络游戏比例达到 50%以上。

第三，网络教育对青年大学生的影响日益扩大。我国著名教育技术学家南国农教授 2001 年给出了网络教育的定义：网络教育是主要通过多媒体网络和以学习者为中心的正面教育方式。学习者确立自己的学习目标，将互联网作为学习的一个渠道。目前全国共有3486万人半年内接受过网络教育，在校大学生网民群体超过1/5(23.1%)都接受过网络教育。但网络教育与主流的网络应用相比增长速度并不快。

第四，在校大学生对“一天不上网，就觉得缺少点什么”观点的同意比例达到26.8%，接近三成。美国匹兹堡大学的金伯利·杨博士认为，上网成瘾者可能具有这种特征：出现戒断症状，如果一段时间(从几小时到几天不等)不上网，就会变得焦躁不安，不可抑制地想上网，时刻担心自己错过什么。大学生的世界观、人生观尚不完全成熟，网瘾倾向严重，则会对他们的日常生活及日后的发展造成更为严重的影响。

第五，手机上网现象普遍。目前手机上网已经成为手机最基本的功能之一。大学生是拥有手机的庞大消费群体。在校大学生手机上网比例达到40%以上，远超全国平均水平。利用手机可以在线聊天、收发邮件、看新闻等功能，实现随时随地上网。

1. 网络对大学生的积极影响

(1)网络有利于大学生增强自信心，促进其个性、能力的发展。互联网有利于大学生效率意识、平权意识、全球意识的形成，促进其个性、能力的发展。互联网的显著特点就是运行的快捷性、高效性。它以更快的速度传送和处理日益增加的数据、信息和知识，这将有利于大学生效率观念和行为习惯的养成。网络为大学生提供了一个展示自我、发展个性的角色实践的“虚拟环境”。在这样的环境中，人的主体性、创造性得到充分张扬，个体可以毫无顾忌地扮演自己喜欢的角色，自由地表达和展现自己的思想和情感，张扬其现实生活中隐藏的个性。通过从虚拟世界中社会角色的认知体验引起对现实世界中社会角色职责及义务的思考，体验内心的冲突，深入认识社会和他人。通过自我控制和自我教育，来认识自我的社会角色，提高自信心，从而增强社会责任感，使心理健康水平不断得到提升。在互联网上，网际关系是非中心化的，这一特点使网民的意识和思维进一步走向平等和双向沟通，思维方式更加多样化，促进大学生平权意识的形成。网络把地球变成了“地球村”，将世界上的万事万物尽收网中，它让全球沟通更便利。因此，网络有助于大学生全球意识的形成。大学生正处在世界观形成的关键时期，这些新观念的形成，将对大学生产生深远的影响。

(2)互联网正成为大学生获取信息的主要途径。根据《上海大学生发展报告(2002—2003)》的调查，当前大学生获取信息的主要途径按选率高低为：国内报刊(74%)、网络(74%)、国内电视(66.6%)、社交(32.6%)、国内广播(28.0%)等。在被学生认为是第一重要的信息途径里，选率最高的是网络(30.2%)，其次是国内电视(27.4%)和国内报刊(26.4%)；在被学生认为是第二重要的信息途径里，选率最高的是国内报刊(28.3%)，其次是国内电视(24.3%)和网络(22%)；在被学生认为是第三重要的信息途径里，选率最高的是网络(21.5%)，其次是国内报刊(19%)

和社交(18.8%)。可见，网络已成为大学生获取信息的最主要的途径。近几年，网络在大学生获取信息方面的功能得到了进一步增强。

(3)互联网正在改变大学生的学习方式，有助于创造性思维的培养。互联网是一个宝库，其信息容量，是任何传统媒体都无法比拟的，学术信息、经济信息及各种各样的新闻，无奇不有，无所不包，而且集文字、图片、音频和视频于一体。大学生可以直接从网络上获取自己需要的文化知识、社会信息，可以在网上直接访问有关领域内的资深人士或专家，可以在网上进行包括专业知识、趣味知识、生活知识、外语等各方面知识的学习，可以在网上尽情地漫游、寻访、搜索各种类型的信息库、图书馆，可以围绕关心的问题在网上与一群人展开讨论等，而且这种“网络获取”与传统的书籍、报刊、课堂的获取相比具有十分明显的快捷性、便利性和廉价性。网络为当代大学生提供了一个打破传统线性思维束缚的环境，有助于大学生创造性思维的培养。

(4)互联网正影响着大学生的人际交往方式，有助于保持个体的心理健康。人际关系与个体心理健康有着密切关系，良好的人际交往有助于维护个体的心理健康。随着网络的普及，网络世界越来越成为大学生精神生活中的一个重要方面。由于网络世界全新的人际互动模式以及全方位、多层次的信息传输，为大学生提供了更方便且范围更大的社会交往机会，使大学生的社会性得到空前的延伸和发展，导致了大学生的一种全新人际关系的产生。这种全新的人际关系，比较容易突破传统交往方式中存在的年龄、性别、地位、身份、外貌等人际交往影响因素的限制。通过网络，人们可以直接地交往，从而免去了彼此的客套、试探、戒备，对于大学生的社会适应和人际交往能力的培养，特别是为性格内向、羞于言谈、社会交往能力较弱的大学生进行人际交往打开了方便之门。

相关链接

大学生网络创业的产生不是偶然的，有一定的历史必然性，其主要方式为创办网络、网上开店和网上自由职业等。大学生网络创业可以缓解就业压力，实现自我发展的需要。目前大学生网络创业存在着激情有余而理性不足、缺乏必要的网络创业知识和技能、经济基础比较薄弱、缺乏良好的社会文化环境等多种问题。

2. 网络对大学生的消极影响

网络是一把“双刃剑”，在给大学生带来积极影响的同时，也不可避免地会带来一些负面效应。

(1)多元化的政治思想、文化观念严重冲击着大学生正确的世界观、人生观、价值观的形成。互联网文化是一个没有国界和地域的全新世界，互联网造成各种信息大规模地跨国界流动，客观上加剧了不同文化价值体系之间的摩擦和冲突，很容易使大学生受到西方政治、思想观念的影响。那些来自不同国家和地区、代表不同政治态度、宗教信仰、文化思想、道德行为、价值观念和生活方式的信息，使上网的大学生身居斗室而纵览天下。在感受世界先进文化的同时，不健康的、不客观的、不科学的信息也对缺乏分辨力的大学生产生一定的误导作用。

(2)互联网中的“信息垃圾”造成部分大学生是非观念模糊、道德意识下降。网络是一个信息的宝库，同时也是一个信息的垃圾场，从人身攻击、不满言论、封建迷信、暴力色情、无聊信息到不受欢迎的垃圾信息和商业广告，应有尽有。这些不良信息广泛而无节制地传播，对于思维模式、道德观念、行为准则尚未定型的大学生造成严重的影响。大学生是一个特殊的社会群体，他们的信息来源主要依靠报纸、网络、电视、广播等媒体。其中，网络以自身快捷的优势，正在成为大学生获取信息的主要渠道，而那些宣传色情、暴力、种族主义、民族歧视、宗教仇恨、分裂主义等“信息垃圾”会通过互联网络乘虚而入，快速传递给大学生，极容易对他们形成诱惑，严重危害大学生的身心健康，严重地腐蚀意志薄弱者。

想一想

如何辨别互联网中的垃圾信息呢？

(3)互联网容易诱发大学生由好奇到发泄甚至破坏性发泄，导致网络不道德行为甚至违法犯罪行为。网络提供了独特的“虚拟”环境，客观上容易引起青年学生的好奇心、激发其发泄的欲望。这种欲望不加节制、纠正就有可能陷入极端个人主义的状态，走入破坏性发泄的误区。在互联网上，任何一个大学生都可以以匿名的方式进行网络行为。而这种网络行为常常又得不到强有力的法律制约，而道德的约束有限，于是道德与法律之间的真空就容易造成无限制道德行为的真空，常常出现各种网络道德问题。在这种道德真空的环境下，网络在给大学生展示和提供一个高度开放的自由空间的同时，也对传统的伦理道德准则提出了挑战。同时，现实社会中大家熟悉、一致认可的某些“游戏规则”也失去了效力，这就可能造成大学生道德意识与道德行为的失控，导致了一些大学生网民在网上的消极、不道德乃至犯罪的行为。

(4)互联网容易引发大学生网络心理障碍，人际交往能力下降。网络心理障碍是指因无节制地上网导致行为异常、人格障碍、交感神经功能失调。其症状为：开始是精神上的依赖，渴望上网；随后发展为身体上的依赖，不上网则情绪低落、疲乏无力、外表憔悴、茫然失措，只有上网后精神才能恢复正常。大学阶段是大学生人际交往能力和人际关系形成的重要时期，由于网络交往和现实交往大不相同，人与人之间面对面交往的机会大为减少，取而代之的人与电脑的频繁接触，这种虚拟的网络交往有时难以形成真实可信和安全可靠的人际关系。迷恋上网使大学生参加集体活动、社会实践等社交的机会大为减少。热衷于虚拟交往使得部分学生疏远了现实中的人际交往，对现实生活中的人际沟通缺乏耐心，造成了他们的人际关系和角色的错位，人际情感的逐渐萎缩和淡化，趋向于社会分隔化和个人孤立化，其孤独感会越来越强。大学生由于过分依恋网络，流连于数字化的在线空间中不能自拔，容易导致网络恋情、网络孤独症、网络不道德行为、网络人格心理失真(又称网络自我迷失)、互联网成瘾综合征等网络心理障碍。

三、大学生的网络心理需求

(一)积极的心理需求

1. 强烈的求知欲与好奇、求新心理

当代大学生主流是积极、健康、向上的，他们关注社会热点问题，接受新事物快，对信息的敏感性尤为突出，对知识有着强烈的渴求欲望。互联网以其信息快、内容新、手段先进等优势极大地吸引了大学生的好奇心，引起了他们的特别关注和兴趣，激发了他们学习和掌握网络知识和应用技能的欲望。

2. 自由平等的参与意识与自我实现欲望

当代大学生崇尚民主、自由、平等，他们自由、平等的参与意识强。网络的平等、开放、互动，大大激发了当代大学生自由、平等参与的欲望。在网络这个虚拟空间里，种种现实社会的限制都消失了，只要参与进来，不管你身处何地，不管时间早晚，不管身份为何，只要进入这个虚拟的社会，就可以在统一的平台上，以平等的方式从事信息文化的制造、交流与利用活动。由于网络可以以匿名的方式进入，使之可以在毫无顾忌、不受任何约束的情况下畅所欲言、展现自我。

3. 追求开放性和多元性

网络是一个开放的信息源，各种文化、思想、观念都可以在这里争鸣。这就为大学生追求开放性和多元性的文化、观念提供了平台。

4. 情感交流与自我价值感的满足心理

网络交往较之传统交往除具有空间的广泛性外，更具安全性、间接性、随意性、隐蔽性。交往双方往往不知对方的真实身份，吐露真情实感而无所顾虑，因而在网络交往中，大学生极易获得为人处世的自我价值感。通过网络信息交流，他们的自我价值会得到确立，自我评价也会不断提升。当自我价值得到确立时，在主观上就会产生一种自信、自尊和自我稳定的感受，即自我价值感得到体现。大学生的自我价值一旦得以确立，就会觉得生活富有意义，使人充满热情。相反，如果他们的自我价值得不到确立，就会缺乏自信、自尊和自我稳定感。这也正是部分大学生沉溺于网络的内部动机。

5. 排解压力与宣泄情绪的减压心理

学习、就业等方面的压力与竞争使大学生需要一个内心宣泄的对象和空间。而互联网所提供的虚拟交往空间，恰恰满足了当代大学生的这种心理需要。这给大学生适时地转移、倾诉和宣泄自己的不良情绪提供了机会和场所。通过这一方式，他们可以宣泄被压抑的不良情绪，获得一定的心理自疗效果，使他们从日常的精神紧张中解脱出来。因此，网络极易成为许多大学生躲避孤独和排解心理压力的场所。

(二)消极的心理需求

1. 从众模仿心理

学生普遍认为，进入大学以后没有了学习压力，缺少父母的督促，甚至中学时代严肃的老师也变得比较随和、亲近，容易沟通，因而感到十分自由。相当一部分新生自入学便开始尽情放纵自己和追求享受。从心理学的角度看，这部分同学进入大学后缺少了学习压力，丧失了求学的目标与动力，出现暂时的目标真空，导致刚入校园时无所适从。在外界的诱惑下极易产生从众心理和模仿心理，在其他同学的影响下很自然地加入了网民的行列，客观上加剧了网民的增长。

2. 补偿心理

大学新生中有一部分在高中阶段是比较优秀的，因为高考失利、家庭因素或其他原因，进入了自己并不喜欢的大学。入学后本想凭自己的优势，在大学展露才华，寻求心理平衡。但由于种种原因不能如愿以偿，使得在“理想自我”与“现实自我”间出现了矛盾。为缓和矛盾，便到网上寻求心理补偿。寻找心灵的慰藉，期望在网络中找到自我，于是将宝贵的时间和精力倾注于多姿多彩的网络世界，并通过网络来满足自己。

3. 求助心理

现在的大学生有很大比例是独生子女，在父母的呵护中长大，被父母视为“掌上明珠”。上大学前基本上是由父母包办其学习以外的其他事情，缺少锻炼，独立生活能力较差。上大学后很多事情都要学会自己做，必然会遇到许多一时难以解决的问题和烦恼。有些大学生能够从同学和老师处寻求帮助，能够以积极的心态去面对困难和压力，很快便能度过适应期。但有些大学生碍于面子，不愿向同学倾诉和求助，转而向网络寻求帮助。

4. 逃避心理

大学生进入校园后，希望拥有一个生机勃勃、积极向上的好集体，渴望建立一个和谐的人际关系环境，渴望人们的理解与支持。但大学生在交往中存在因缺乏经验、技巧而不善交往，因担心他人轻视而不愿交往，因性格内向孤僻而不会交往，因个性自卑而害怕交往等现象，由此造成与他人难以沟通，感到压抑孤独。就像有同学抱怨说，大学生活中人与人之间总是隔着一层薄膜，每个人都戴着面具，徒见其外表而不知其内心。在这种心理作用下，一旦学习、交往中遇到挫折，很容易产生逃避心理。

5. 畏难心理

很多同学在入校之初，基础差异很大，加上突然从高中阶段的学习模式变为大学阶段的学习模式，在对新环境的新鲜感消失以后，面对的是新教师、新课程、新方法和新手段，当自己的学习基础较差时，便会有很多知识接受起来很困难，几节课下来，便会产生畏难心理。加上有些学校在开学之初对课堂管理的不规范，为其逃课、旷课提供了方便，部分同学就选择了这个时间上网，并开始迷上了网络。

6. 自卑心理

这类学生由于家庭(贫困、父母离异、单亲家庭)等因素，存在严重的自卑心理，性格孤僻，害怕与他人共处，长期处于压抑状态。为寻求心灵的解脱，往往沉溺于网络虚拟世界不能自拔。

互动平台

当今信息社会，大学生网络技术素质备受关注。大学生网络道德表现也是一个饱受争议的热门话题。网络社会充斥着后现代主义思潮，后现代主义中的无中心意识和多元价值取向导致相对主义、怀疑主义和虚无主义盛行，一度“放任自流”的网络文化使得大学生的人生理想、社会责任、道德涵养、价值判断逐步消解。面对网络这把“双刃剑”，如何在重视大学生网络技术学习与使用能力提升的同时，加强大学生网络道德培育与实践，是一个不容回避、亟待解决的时代课题。你身边的大学生在上网中有没有出现过网络失德现象呢？请举例并分析。

第二课　大学生常见网络心理障碍及其特点

一、大学生网络心理障碍

大学生网络心理障碍主要包括网络恐惧、网络迷恋、网络孤独、网络自我迷失与自我认同混乱、网络依赖症五类。

(一)网络恐惧

大学新生特别是来自经济落后地区的农村学生，几乎没有接触过互联网或接触很少。当他们进入大学面对色彩斑斓的网络界面，看到各种层出不穷的网络书籍、应用软件，看着周围的同学熟练地操作电脑，自由地浏览、聊天时，一部分学生感到害怕和迷茫。怕自己学不好计算机知识，而成为新时代的“网盲”；怕自己因为计算机知识的匮乏，而在今后的学习和工作上处于劣势，成为一个庸庸碌碌的人，不能更好地施展自己的抱负，实现自己的理想。初次接触计算机网络，面对

相关链接

据报道，2001年某大学237名退学和留级学生中，有80%的学生系因迷恋网络而成绩下降；某大学退学或转学的205名学生中，有1/3的学生通不过考试与无节制上网有关……近年来，大学生因接触网络而引发的一系列心理问题引起了社会各界的广泛关注。

五花八门的电脑书籍、各种类型的应用软件，不知道学什么，并由此产生对网络的恐惧感。此外，一些对网络比较熟悉的大学生也有这样的障碍。他们对网络的畏惧主要是害怕跟不上网络的快速发展，怕掌握不了新的网络技术而被淘汰。

（二）网络迷恋

长时间沉溺于网络游戏、上网聊天、网络技术(安装各种软件、下载使用文件、制作网页)，醉心于网上信息，网上猎奇，造成对网络的过度依赖和依恋，导致个人生理受损，正常的学习、工作、生活及社会交往受到严重影响。网络迷恋心理障碍包括几种类型：网络色情迷恋，迷恋网上的色情音乐、图片以及影像；网络交际迷恋；利用各种聊天软件以及网站开设的聊天室长时间聊天；网络游戏迷恋，沉迷于网络设计的各种游戏中，他们或与计算机对打，或通过互联网与网友联机进行游戏对抗；网络恋情迷恋，沉醉在网络所创造的虚幻的罗曼蒂克的网恋中；网络信息收集成瘾，强迫性从网上收集无关紧要的或者不迫切需要的信息，堆积和传播这些信息；网络制作迷恋，下载使用各种软件，追求网页制作的完美或以编制多种程序为嗜好。其中，网络交际迷恋、网络游戏迷恋、网络恋情迷恋及网络信息收集成瘾者占大学生网络迷恋群体中的多数。

（三）网络孤独

网络孤独主要是指希望通过上网获取大量信息、网上娱乐、网上人际交往来提高或改变自己，但上网未能解除孤独(甚至加重了原有的孤独)，或反而因为接触网络而引发孤独感。一些大学生，由于性格内向、自卑、习惯于自己独自承受心理负荷、心思细腻、不愿意或不善于与他人交往，厌恶社会上那些虚情假意的人情来往。当互联网走进他(她)们的生活时，他们青睐于网上交往这种匿名、隐匿性别和身份的形式。常上网向网友发泄自己的不良情绪，排解忧虑，讲自己的“心情故事”，这时他们觉得心情得到一定的放松，从网友那里得到了一定的心理支持。可下网后他们发现自己面对的依然是难以排解的孤独。此外，由于人与人之间的交往中很多的信息是通过非语言的方式(身体语言)如眼神、姿势、手势等传达的，当那些善于通过这些身体语言来解读对方心理的性格内向者，试图借助网络来排解自身的孤独时，网络所能给的只有键盘、鼠标和显示器所造就的书面语言，这使得他(她)们愈加感到孤独，形成了真正的网络孤独症。

心灵故事

某高校一名大学生，在偶然的机会下学会了网络游戏，便疯狂地迷上了游戏而不能自拔。初期，他还能偶尔在教室里上课，到后来，干脆把所有的时间和金钱都投入打游戏和练级之中。生活节奏完全颠倒，在不到两个月的时间里，就将一学期的生活费 2000 多元完全用于网络游戏，学习成绩直线下降，精神萎靡不振，沉默寡言，对周围的事情漠不关心。这是典型的网络孤独症的前期表现。

(四)网络自我迷失与自我认同混乱

在以计算机为终端的网络中，由于匿名性而隐去了身份，许多现实社会中的规范、规则、道德在虚拟世界中的冻结，大学生上网者在表现个人自我时，把社会自我抛得越来越远，甚至企图借助网络在现实社会中凸显自我，将自我凌驾于社会之上。网络黑客、网络犯罪就是这方面的典型例子。此外，有些大学生对一些社会现象愤懑不满，他们想通过上网发泄，逃避社会；希望在网上有一个纯净的交往环境，塑造一个良好的自我。然而，网上充斥的色情图文、脏话、无聊的帖子、庸俗的话题，使他们在对社会产生失望之后又对网络产生了失望，形成了网络自我迷失和自我认同混乱。

(五)网络依赖症

匹兹堡大学的金伯利·杨博士最早对互联网依赖现象进行了研究。她设计了下面一系列问题，通过调查对象对这些问题的回答来判断其是否患有“互联网依赖症”。

- 你是否着迷于互联网？
- 为了达到满意，你是否感觉需要延长上网时间？
- 你是否经常不能控制自己上网、停止使用互联网？
- 停止使用互联网的时候你是否感觉烦躁不安？
- 每次上网的时间是否比自己打算的要长？
- 由于互联网，你的人际关系、工作、教育或者职业机会是否受到影响？
- 你是否对家庭成员、治疗医生或其他人隐瞒了你对互联网着迷的程度？
- 你是否把互联网当成了一种逃避问题或释放焦虑不安情绪的方式？

上面八个问题，如果被调查者对其中的五个问题的回答是肯定的，金伯利·杨就断定他已经患上了互联网依赖症。

心灵故事

也许，网络是某大学三年级学生严宏(化名)的天堂。9月8日，他真的去了天堂——告别人世时，才21岁。在他的病历上，记载着“重症胰腺炎、爆发性菌痢、血糖增高、急性肺水肿、多脏器功能衰竭”等病症。医生认为是劳累过度导致死亡。据了解，当时，刚开学不久，9月6日晚上，他曾通宵上网，第二天中午回宿舍，第三天突发疾病，医院全力抢救，仍未能挽救他。如何有节制地上网，是个值得深思的问题。

《中国青年报》2002.12.13

二、网络心理障碍的特点

(一)病症发现的隐蔽性

网络心理障碍是人类进入以互联网为标志的信息时代后高科技环境下的产物，

是伴随着计算机科学的发展和网络的普及而出现的新疾病，是网络用户在现实环境和网络的虚拟环境的巨大反差下形成的特殊心理状态。因此，对网络心理障碍的认定本身就存在诸多的困难。患者自身很难意识到自己已经患有此种病症，其周围人员也无法在患者患病初期进行确认。一般网络心理疾病患者的发现都是在中后期，而网络心理障碍一旦发展到一定的程度，患者的心理发生严重的扭曲，极易做出对自身健康和社会安全构成危害的行为。

(二)生理疾病的并发性

网络心理障碍是由于患者长期处于网络的虚拟环境中而形成的心理疾病，是以长时间上网为基础的。上网持续时间过长，就会使大脑神经中枢持续处于高度兴奋状态，引起肾上腺素水平异常增高，交感神经过度兴奋，血压升高。这些改变可引起一系列复杂的生理和生物化学变化，尤其是自主神经紊乱、体内激素水平失衡，会使免疫功能降低，诱发多种生理的并发疾患，如心血管疾患、胃肠神经官能症、紧张性头痛等。同时，由于眼睛长时间注视电脑显示屏，视网膜上的感光物质视紫红质消耗过多，如未能及时补充其合成物质维生素 A 和相关蛋白质，就容易导致视力下降、眼痛、怕光、暗适应能力降低等。

(三)治疗手段的模糊性

网络心理障碍产生的根源在于人脑的潜意识发生了病变，其特征业已突破了传统心理疾病的特点，因而现代医学的各种医疗手段和心理学的理论并不能彻底地治疗此种病症。同时，网络心理障碍涉及计算机科学、医学、心理学和思想政治学的范畴，因此，很难单纯依靠医务人员或心理专家单方面来对此类疾病进行治疗。而医学界和心理学界对此种疾病的认识还处于起步阶段，尚需深入的研究和探讨。

(四)预防和治疗的紧迫性

许多心理障碍(包括网络心理障碍)都是文化抑制的结果，也就是说，一个人受教育程度越高，所受的文化禁忌越深，内心的冲突也就越强烈。因此，大学生上网过多，就容易形成网络心理障碍。随着网络在高等院校的普及，网络心理障碍的患者将出现快速增长的趋势，如果采取的措施不及时，效果不理想，就会导致网络心理障碍的蔓延。

第三课　大学生健康网络心理的培养

一、培养正确的网络心态并学会有效使用网络

大学生只有对网络有正确的认知和心态，才有可能正确地面对网络，合理地使用网络资源，准确把握自我，认清自己的真实需要，处理好现实社会与虚拟社会的关系，避免网络心理问题的产生。

（一）培养正确的网络心态

大学生要培养正确的网络心态，要充分认识到网络是一项有力的工具，用好这个工具，对于我们接受新事物、新知识，掌握最新的动态，有很大的帮助。同时，要在使用中学会辨别真伪，增强自我控制能力和抵御各种诱惑的能力，这是我们对待网络的正确态度。在网络社会里，各种信息含量十分巨大，各种文化与价值理念交织纷纭，各种论断莫衷一是，各色诱惑比比皆是；网络社会又是一个充满自由的社会，缺乏强大的外在约束。面对这一虚实难辨、是非难断却又无明确而强有力约束的多彩世界，如果大学生树立良好的网络使用心态，增强辨别能力，加强自律，提高自我管理能力，就能变得更有判断能力。大学生应该以开放的心态来对待网络媒体的挑战。

（二）掌握和使用互联网

大学生必须全面学习网络知识和技术，通过学习网络科学知识、掌握网络技术，从科学层面来认识网络，走进网络，吸取全世界优秀的文化成果。同时，在网上向世界展示中华民族的伟大形象和灿烂文化，使网络真正成为掌握在我们手中的有力工具。网络在使信息手段发生革命性变化的同时，也为当代大学生的学习生活展示了广阔的前景。大学生必须树立“终身学习”的目标，不但在大学校园里，而且在跨进社会之后，都要学会冷静地分析、处理和创造各种有用的信息。美国前总统克林顿在一次国情咨文中写道“让我们共同努力实现以下目标：8 岁以上儿童人人必须能读会写，12 岁以上青少年必须会上互联网络，18 岁以上青年人人必须读大学，美国的成年人要活到老学到老”，这或许能给我们带来某些启示。作为大学生，我们应该吸取其精华部分，去除其糟粕的方面，积极关注网络的发展变化，把握一切机遇，在其中进行角色学习，理解角色的行为规范，并借助网络群体成员间的互动检验自己的角色扮演情况，为未来而学习。

二、大学生良好网络心理素质的培养

大学生网络心理素质的培养，是指通过内在和外在机制的作用，使其具备优良的网络心理素养和品质，从而确保其网络心理和行为的健康、和谐、有序。团中央、教育部等单位联合发布的《全国青少年网络文明公约》就明确提出了“五要五不”要求：“要善于网上学习，不浏览不良信息；要诚实友好交流，不侮辱欺诈他人；要增强自我保护意识，不随意约会网友；要维护网络安全，不破坏网络秩序；要有益身心健康，不沉溺虚拟世界”。大学生应该以此为网络行为的指南，共同营造健康向上的网络环境，构建网络文明。

（一）要善于网上学习，不浏览不良信息

大学生要努力提高自己的网络识辨能力。网络识辨能力主要包括信息内容、信息形成和信息价值的识别和判断能力，如果缺乏这种能力，面对网络就会陷入盲从、迷失方向的状态。要学会自辨，分清网络的真善美和假恶丑，尤其要提高对各种思潮和伦理价值观的判别能力，保持头脑清醒，做出正确选择，为我国建设中国特色社会主义事业发奋成才。要把网络用作学习的工具，把上网的主要精力用在收集资料，获取时事新闻，查阅与学习、工作、生活有关的信息上。要选择一些内容积极向上，富有教育意义，具备良好信誉的网站，提高上网的有效性。要坚持不浏览不良信息，自觉拒绝进入一些黄色的、反动的、不健康的网站，让色情、暴力、赌博、迷信失去市场。

(二)要诚实友好交流，不侮辱欺诈他人

网络是一个自由的地方，在那里你可以讲述你的快乐与痛苦、成功与失败。它为人们提供了一个广阔的释放自己情绪的空间。大学生要努力提高自己的网络交往能力。网络交往不同于现实交往的地方就是它的虚拟性和数字化交往手段。网络不仅仅是信息和知识猎取、交流的平台，也是个人身心健康和社会化的重要途径。大学生提高网络交往能力，应从网络交往态度、网络交往认知、网络交往中的情绪和人格等方面加以完善。网络交往最宝贵也最为重要的品质是诚信和宽容。诚信和宽容能够使网络交往的桥梁畅通无阻。在网上交流，尤其要克服愤怒、恐惧、嫉妒、自卑、自负、怯懦、孤僻与冷漠、偏执、强迫等不良情绪和人格障碍。培养良好的网络交往能力，并不是说在网上广交、滥交朋友，毫无目标、漫无边际，而是善交、乐交知心、知己之友，才有益于身心成长和人生发展。大学生必须做到要用正常的心态和文明的语言去交往，要拒绝交流色情、反动等不健康的内容。

(三)要增强自护意识，不随意约会网友

在缤纷的虚拟世界里，有形形色色的骗子在网络上策划着高明的骗局。他们在网上“热情地”发出了信号：要么就是你的红颜知己，要么可以帮助你敛财百万，助你事业有成。网络的虚拟和显示的力量往往使人逐渐丧失警惕，不知不觉地陷入了“网络陷阱”。热闹的网络空间之外，现实中一些人往往人财两空，受骗上当。大学生一定不要滥交网友，不要轻信网友；要增强网络自护意识，提倡文明、健康、安全、有益上网。

(四)要维护网络安全，不破坏网络秩序

由于当前网络立法尚不健全，相对比较滞后，所以网络欺诈、网络黑客、网络垃圾、网络失信现象因缺乏应有的管理监督和约束而时有发生，严重地干扰了网络文化环境的秩序，甚至影响了人们正常的生活秩序。随着我国网络立法步伐的不断加快，一部部网络法律法规的相继出台，已在相当程度上维护了网络运营秩序，并使得网络法制观念逐步深入人心。大学生作为青年中知识层次较高的群体，在网络守法中理应做出表率，讲信誉、守规则、塑先锋，自觉做到不偷号盗号、不乱闯禁区、不上网破坏、不上网超时，努力维护好网络安全和网络秩序。

(五)要有益身心健康，不沉溺虚拟世界

古语云：无规矩不成方圆。古往今来不论做什么工作，干什么事业，都得有个章法。当代大学生的上网也应该有个“度”，这个“度”就是节制。不能只图痛快，只求过瘾。有的大学生缺乏节制能力，结果因为迷失在网络中，严重贻误了学业，最终“一失足成千古恨”，更有甚者，盲目跟风，消极模仿，结果铤而走险，走上犯罪的道路，断送了自己美好的前程。

上网有“度”，上网有“节”，是当代大学生的自我保护机制。面对网络的“诱惑”，大学生更应该把握上网的“度”，明确自己的上网目的，限制自己的上网时间。在目的方面，大学生上网应充分利用网络的优势进行学习与交流，网上交友聊天等应有度。在上网时间上，最好每天不超过 80 分钟。

思考与练习

1. 网络对大学生的影响有哪些？
2. 大学生的网络需求有哪些？
3. 大学生网络心理障碍的表现有哪些？
4. 大学生如何培养良好的网络心理素质？

拓展训练

训练一：测测你的上网情况

请根据你的实际情况在相应的分数上打“√”。

测试项目	很不符合	不太符合	比较符合	非常符合
1. 曾不止一次有人告诉我，我花了太多时间在网络上	1	2	3	4
2. 我只要有一段时间没有上网，就会觉得心里不舒服	1	2	3	4
3. 我发现自己上网的时间越来越长	1	2	3	4
4. 网络断线或接不上时，我觉得自己坐立不安	1	2	3	4
5. 哪怕再累，上网时都觉得很有精神	1	2	3	4
6. 其实我每次都只想上网待一下子，但常常一待就待很久不下来	1	2	3	4
7. 虽然上网对我的人际关系造成负面影响，我仍未减少上网时间	1	2	3	4
8. 我曾不止一次因为上网的关系而睡不到四小时	1	2	3	4
9. 从上学期以来，平均而言，我每周上网的时间比以前增加了许多	1	2	3	4
10. 我只要有一段时间没有上网就会情绪低落	1	2	3	4
11. 我不能控制自己上网的冲动	1	2	3	4
12. 发现自己专注在网络上而减少与身边朋友的互动	1	2	3	4
13. 我曾因为上网而腰酸背痛或有其他身体不适	1	2	3	4
14. 我每天早上醒来，第一件想到的事就是上网	1	2	3	4

续表

测试项目	很不符合	不太符合	比较符合	非常符合
15. 上网对我的学业或工作已造成一些负面的影响	1	2	3	4
16. 我只要有一段时间没有上网，就会觉得自己好像错过了什么	1	2	3	4
17. 因为上网的关系，我与家人的互动减少了	1	2	3	4
18. 因为上网的关系，我平常休闲活动的时间减少了	1	2	3	4
19. 我每次下网后，本来是要去做别的事，却又忍不住再次上网看看	1	2	3	4
20. 没有网络，我的生活就毫无乐趣可言	1	2	3	4
21. 上网对我的身体健康造成负面影响	1	2	3	4
22. 我曾经试过想花较少的时间在网络上，但却无法做到	1	2	3	4
23. 我习惯减少睡眠时间，以便能有更多时间上网	1	2	3	4
24. 比起以前，我必须花更多的时间上网才能感到满足	1	2	3	4
25. 我曾因为上网而没有按时就餐	1	2	3	4
26. 我曾因为熬夜上网而导致白天精神不济	1	2	3	4

把你所打“√”的分数相加，总分是____。

得分说明：

总　分	说　明
42 分以下	属一般上网者
42～59 分	可能有轻度网络依赖倾向，请管理好自我上网时间
59 分以上	可能有重度网络依赖倾向，可寻求相关帮助，以引导你学习如何正确使用网络

训练二：分析讨论

在 2007 年中国青少年上网行为研究报告中对青少年网民网络应用情况统计如下。

即时通信 91.3%。

更新博客/个人空间 33.0%。

网络游戏 68.2%。

网络影视 82.9%。

网络音乐 91.1%。

网络求职 12.1%。

电子邮件 58.0%。

网络教育 18.0%。

搜索引擎 73.4%。

网络购物 22.2%。

网上支付 13.8%。

网上银行 13.6%。

电子政务 17.0%。

网络新闻 63.4%。

网上炒股/基金 7.2%。

请根据以上统计数据，分析青少年用户上网的主要目的有哪些？结合本班或本宿舍同学的上网情况，初步分析大学生上网的主要目的。

学习反思

第十单元
心理咨询与心理危机干预

学习目标

1. 了解心理咨询的含义、大学生心理咨询的形式等。
2. 领会增进大学生心理健康和预防心理问题的方法。
3. 了解心理危机的含义。
4. 掌握大学生心理危机的原因和识别方法。
5. 领会大学生心理危机干预的策略。

单元导入

小彤在高中时各方面都很优秀，是班上班长，不论是老师还是同学都很喜欢她。进入大学后，她没有被选上当班委，也没有以往的那种优越感。她常常想是不是自己变坏了，不行了。她没有心思学习，也不参加活动，变得有些内向了。一学期下来，她的成绩排在全班的后几名，与同学的关系也不是很好，脾气也有些暴躁。她自己也感到很痛苦，于是她走进心理咨询室，请老师帮助她。

小彤不能很快地适应新的环境，没有正确地认识自己，角色没有及时转换，才导致她的变化。

第一课　大学生心理咨询

把心底的话说出来，就等于替你的“心病”打了一剂强心剂。

一、什么是心理咨询

(一)心理咨询的含义

在英文中 counseling(咨询)词根源于拉丁语 consultations(会议、考虑、忠告、谈话)。从中文字面理解，“咨”即为商量之意，“询”即为询问之意，咨询就是一种提供信息，析疑解惑，忠告建议的活动。在我国“咨询”一词最早见于《书·舜典》，“咨十有二牧，询于四岳”。

心理咨询至今尚无公认的定义，中外不同学者有着各自的说法。

罗杰斯将心理咨询解释为：通过与个体持续的、直接的接触，向其提供心理帮助并力图促使其行为、态度发生变化的过程。

威廉森等将心理咨询解释为：A、B 两个人在面对面的情况下，受过心理咨询专门训练的 A，向在心理适应方面出现问题并乞求解决问题的 B 提供援助的过程。这里的 A 就是咨询师，B 就是求助者。

帕特森认为：心理咨询是一种人际关系。在这种关系中，咨询师提供一定的心理气氛或条件，使咨询对象发生变化，做出选择，解决自己的问题，并且形成一个有责任感的独立个性，从而成为更完美的人和更好的社会成员。

李维主编的《心理学百科全书》中对心理咨询的定义做了如下说明：咨询者就访谈对象提出心理障碍或要求加以矫正的行为问题，运用相应的心理学原理及其技术，借助一定的符号，与访谈者一起进行分析、研究和讨论，揭示引起心理障碍的原因，找出行为问题的症结，探索解决的可能条件和途径，共同协商出摆脱困境的对策，最后使来访者增强信心，克服障碍，维护心理健康。

陈仲庚认为：心理咨询是帮助人们去探索和研究问题，使他们能决定自己应做什么。

钱铭怡认为：心理咨询是通过人际关系，运用心理学方法，帮助求治者自强自立的过程。

综合各种定义，可以认为：心理咨询是一种人际关系，在来访者提出心理问题后，咨询师运用心理学的原理和方法，与来访者一起分析、讨论问题，协助来访者解决各种心理问题的过程。

(二)大学心理咨询的含义

大学心理咨询是心理咨询人员运用心理学的原理和方法，对在校大学生的学习、适应、发展、择业等问题给予直接或间接的指导、帮助，并对有关心理障碍或轻微精神疾患的人进行诊断、矫治的过程。目的是帮助大学生认识自己，接纳自己，进而欣赏自己，促进个人成长；协助大学生调动自身的资源，解除成长的烦恼，充分发挥个人潜能。

二、心理咨询的发展

相关链接

心理咨询的主要流派

1. 精神分析学派

代表人物：弗洛伊德。这是使患者在无拘束的会谈中领悟到心理异常的症结所在，并逐渐改变其行为模式，从而达到目的的治疗方式。主要适应症为各类神经症和各种严重的心理挫折。主要采用的是以下三大技术。

(1)洞察，看到底是什么事情被压抑。

(2)自由联想，通过联想挖掘事件，如果病人在叙述时突然停止不语，或吞吞吐吐、故意避开某些问题，或与医生辩论，这往往是病人心理异常症结所在。

(3)疏导宣泄。

2. 行为主义流派

代表人物：斯金纳、华生。这是针对特殊的问题行为(不良行为或变态行为)，运用提高目标行为(良好行为或正常行为)发生率或降低问题行为发生率的种种行为技术，以最终矫正问题行为的治疗方式。其理论基础是经典条件反射理论、操作性条件反射理论、学习理论。

3. 认知心理学派

ABC 理性情绪疗法，A——诱发事件；B——人的信念，评价和解释；C——由信念引起的情绪行为的结果。对不合理信念的疏导主要采用以下三种技术。

(1)辨析：提出质疑，通过辩论动摇它。

(2)认知家庭作业：改变不合理的认知观念，罗列出来。

(3)合理的情绪想象：杜绝 ABC，事情客观存在，但情绪不和事情联系。

4. 人文主义学派

代表人物：马斯洛、罗杰斯。人性发展的基本倾向是建设性的，人生来追求美好，如果健康的人是人性丰满的发展，不健康的是自我发展过程和自我评价不一致时，逐渐会屈从他人而发展，压抑自己，迷失自我。采用的技术：为实现人性丰满发展，找回美好的自我追求，以当事人为中心提出了同感、真诚、倾听、尊重、非直接性的技术鼓励。

心理咨询起源并发展于 20 世纪初美国的职业指导运动。尽管当时并不是真正意义上的心理咨询，但却是早期心理咨询的主要表现方式(学校指导)的雏形。1908

年，在波士顿被公认为职业指导之父的Parsons首创的波士顿职业指导局，标志着职业指导走向规范化，是心理咨询发展史上的第一个里程碑。1952年美国人事与指导协会成立(APGA)，在心理咨询的发展中，特别是心理咨询的职业化过程中，发挥着巨大的作用。同年，美国心理学会(APA)第17分会咨询心理学会(DCP)成立，心理咨询作为一个部门获得了独立。

由于历史的原因，我国这方面的工作起步较晚。1980年以前，我国的心理咨询基本处于空白，1987年以后，心理咨询与心理治疗事业在我国有了长足的发展。首先表现为大的综合医院普遍设立了心理咨询门诊，重点大专院校大多开展了这项工作。一些单位和部门还成立了心理咨询和治疗中心。至20世纪90年代，不仅在大城市中有心理门诊服务，而且许多中小城市，甚至个别县乡镇也开展了此项工作，出现了一些专业的心理咨询中心及私人开设的心理门诊。

1984—1989年，我国的一些留学人员归国后，在大学生中发起心理咨询活动。到1986年年底，全国有30多所高校建立了心理咨询中心。1990年11月，“中国大学生心理卫生与心理咨询专业委员会”在北京成立，并召开了第一届年会。据不完全统计，从1993年至今，有关大学生心理咨询、心理健康教育、心理卫生、心理调适方面的著作已出版30余部，使我们对中国大学生心理健康状况有了一个科学的认识。

三、心理咨询的对象和内容

(一)大学心理咨询的对象

心理咨询的对象主要是正常人和亚健康状态者，是在生活当中因为压力等原因引起心理冲突而寻求帮助的正常人。我们把他们称为来访者，而不是患者。有很多人认为，来寻求心理咨询的人都是有神经或精神疾病的，这是一种误解。随着社会的快速发展，人们的压力越来越大，每个人都可能会遇到这样或那样的问题，产生心理上的困惑与烦恼，甚至引起心理冲突，有些是自己不能通过自身调节来解决的，需要通过心理咨询，寻求帮助，摆脱困境，度过心理危机。当然也有一些来访者，问题严重，有神经或精神疾病，这需要通过心理治疗来解决。

心理咨询的来访者有主动寻求帮助的意识。只有主动寻求帮助的人，才会谈论自己的问题，咨询人员才能了解来访者，从而找到问题所在，进行帮助。这样来访者才能从心理咨询中受益。

(二)大学心理咨询的主要内容

- 自我认识，如对自己的认识及自己与周围世界关系的认识、体验和评价等。
- 适应问题，如大一新生对新环境的适应等。
- 学习问题，如考试焦虑、对专业不满意、学习无动力等。
- 人际交往问题，如交往失败、宿舍关系紧张、交往胆怯等。
- 求职与择业问题，如毕业时的就业问题、就业的方向等。
- 恋爱与性心理，如失恋、单恋、多角恋爱关系以及性心理异常等。
- 神经衰弱、焦虑症、强迫症、抑郁症、恐惧症等。

四、学校心理咨询的原则

(一)保密的原则

保密的原则在心理咨询中是最重要的一条原则。这一原则要求在没有得到对方同意的时候，不公开来访者的姓名、谈话内容，要尊重来访者的隐私。

保密是学校心理咨询的一项重要原则。保密既是咨询双方建立和维系信赖关系的基础，也是维护学校心理咨询工作的名声、信誉的大问题。在学校心理咨询的实践中，来访者常常叮嘱千万不要把他们的事情宣扬出去，更不要披露他们的真实姓名。

(二)尊重的原则

尊重，就是尊重学生的人格与尊严，尊重每个学生平等的权利。只有老师尊重学生时，学生才会尊重自己，珍惜自己的成绩和进步，体验到做人的尊严感。而自尊、自重、自信正是健全人格的重要特征，是心理咨询追求的重要目标之一。学生如果被老师尊重和理解，他就会信任老师，愿意向老师倾吐内心的思虑、惶恐、苦闷。这种良好的师生关系，是心理咨询获得成效的基本条件。

不论学生在谈话中反映出怎样的消极、不正常，老师都要尊重他、接纳他，认真倾听他的诉说，设想他的内心感受，要蹲下身来看学生，还要尊重学生的选择。

(三)情感沟通的原则

情感沟通原则是指一个人能够设身处地体会到他人的某种情绪、情感体验，能够将自身投射到他人的心理活动中去，分享其对外界事物的心理反应，以达到认知、情感与意向上的统一。情感沟通是心理咨询成功的核心，也是其成功的前提条件。老师通常可以采用“澄清”“说明”等手段进行主动沟通；也可以采取保持一定的沉默或重复的办法，被动地进行沟通，使学生产生对老师的信任，消除其精神顾虑和负担，真正打开学生的心扉，使心理咨询顺利有效地完成。

五、大学生增进心理健康和预防心理问题的方法

在我们成长的过程中会遇到很多压力和问题，需要靠我们自身和外界的帮助来解决。这要求大学生树立科学的健康观，自觉维护和增进自身的心理健康。

(一)了解心理问题产生的原因

大学生应当积极参加学校组织的各种心理健康知识讲座，学习有关心理健康和心理问题方面的知识，正确认识自己，了解自己，树立科学的健康观；掌握一些鉴别心理问题的方法和常用的调适方法。

> **小贴士**
>
> 心理健康需要五种精神营养素：爱、宣泄和疏导、善意和讲究策略的批评、坚强的信念与理想、宽容。

(二)养成良好的学习、生活习惯

学习、生活习惯有无规律、是否科学，体现了一个人的心理素质和精神风貌，也是大学生提高自身心理素质的基础。

(三)了解处理心理问题的相关资源

积极参加心理测试，发现有心理困扰时，主动、及时地到学校心理健康教育中心进行心理咨询，以便及时解决自己的问题。

六、大学生心理咨询的形式

心理咨询的形式很多。从咨询的对象来分，主要分为个别咨询和集体咨询。个别咨询是由咨询对象单独向咨询机构提出咨询要求，由单个咨询人员出面解答、劝导和帮助的一种形式；集体咨询是咨询机构根据咨询对象所提出的问题，将他们分成课题小组，进行商讨、引导，以解决心理困扰的一种形式。从咨询的途径来分，主要有门诊咨询、书信咨询、电话咨询、宣传咨询和现场咨询等。门诊咨询是通过医院或咨询中心的心理咨询门诊部进行的咨询。书信咨询是针对咨询对象来信描述的情况和提出的问题，咨询工作者以通信方式解答疑难问题、进行疏导教育的一种形式。宣传咨询是通过报纸、刊物、广播电视等大众传播媒介，对读者和听众、观众提出的典型心理问题进行解答的一种形式。现场咨询是咨询人员深入学校、家庭、工厂、农村、企业等现场，对咨询对象提出的各种问题给予解答的一种形式。

大学生心理咨询主要有个别咨询、团体咨询和现场咨询等形式。团体咨询是在团体情境中提供心理帮助与指导的一种心理咨询与治疗的形式。它是通过团体内人际交互作用，促使个体在交往中通过观察、学习、体验，认识自我、探讨自我、接纳自我，调整和改善与他人的关系，学习新的态度与行为方式，以发展良好的生活适应的助人过程。

心灵故事

女学生A是上海某重点中学的学生，中学时是学习尖子，学生干部，一直是老师的宠儿。然而，到了大学后，成绩再也没有名列前茅，各方面都不突出，于是她的自尊心受到严重损伤，心情一直不好，羞于见人，不愿与人交流，把自己锁在一个封闭的圈子里。最后导致神经性厌食，体重从原来的45公斤下降到30多公斤。

第二课　大学生心理危机的识别与干预

一、什么是心理危机

心理危机是指由于突然遭受严重灾难、重大生活事件或精神压力，使生活状况发生明显的变化，尤其是出现了用现有的生活条件和经验难以克服的困难，而陷于极度的焦虑、抑郁，甚至失去控制、不能自拔的状态。一方面危机是危险的，它可能导致个体严重的病态，包括杀人和自杀；另一方面，危机也是一种机会，它带来的痛苦会迫使当事人寻求帮助，摆脱危险和威胁，获得个体成长和自我实现的机遇。

相关链接

德兰修女获和平奖时讲了这样几句话：

1. 饥饿并不单指没有食物，而是指爱心的渴求。

2. 赤身、寒冷并不单指没有衣服，而是指人的尊严受到剥夺。

3. 无家可归并不单指要一栖身之所，而是指受到排斥和遗弃。

危机是当人们面对重要生活目标的阻碍时产生的一种状态。这里的阻碍，是指在一定时间内，使用常规的解决方法不能解决的问题。危机是一段时间的解体和混乱，在此期间可能有过多次失败的解决问题的尝试。危机是生活目标的阻碍所导致的，人们相信用常规的选择和行为无法克服这种阻碍。危机之所以是危机，是因为个体知道自己无法对某种境遇作出反应。危机是一些个人的困难和境遇，这些困难和境遇使得人们无能为力，不能有意识地主宰自己的生活。

二、大学生产生心理危机的原因

大学生已进入生理发展的青春期中期，正处于生理发育的基本成熟和部分心理发展相对滞后的特殊时期，人生观、价值观和世界观逐渐形成，心理状态还不稳定，容易受到外界的各种影响而产生心理危机。大学阶段也是种种人生压力相对集中的阶段，当问题发展到一定程度而不能克服和有效解决时，往往产生心理危机，极易引发自伤、自杀和伤人、杀人事件。像云南的马加爵就是由于心理障碍日益严重最终导致突变，从而杀害了四名大学同学。

相关链接

世界上最早的自杀求助热线是1960年在美国洛杉矶出现的生命热线。其功能主要是通过电话对那些打算自杀的人在临死前进行情绪疏导，挽救生命。发达国家目前都设有“危机干预网络”，由危机干预热线和警方、消防队、急救中心、精神病院、社区组织等组成。一旦遇到自杀事件，这些人将采取统一的行动，最大限度挽救生命。北京心理危机与干预中心自2003年3月1日起开通由经过专门训练的专业人员提供的24小时“800”免费热线电话服务，且在网上进行有关自杀问题的义务咨询。

(一)学习的压力

大学学习的特点与高中相比有明显的不同，如学习的环境、内容等，还面临着英语和计算机等级考试的压力等，许多同学进入大学后不适应大学的学习，学习目标不明确、方法不适应或所学专业与自己的兴趣相抵触等，有部分学生成绩下滑严重，学习上的挫折不能很好地面对，就容易产生心理危机。

(二)环境的不适应

大一的新生中，不适应环境的较为普遍。对于绝大部分学生来说，他们面临的是陌生的校园、生疏而且关系密切的新群体。多数学生首次远离家门，离开长期依赖的父母以及其他的亲人、朋友和熟悉的环境，意味着今后将开始独立生活，所有的事都要自己来决定和解决，所有这些都会给每个大学生带来不同程度的环境应激。当这种应激超过限度时，就会出现失眠、食欲缺乏、注意力不集中，环境适应更加困难，以及烦躁、严重焦虑不安、头疼、神经衰弱等，甚至可能出现擅自离校的冲动行为。

(三)情感的失意

大学生对爱情生活有所追求和向往。许多大学生开始谈恋爱，但是有大约35%的大学生在恋爱中存在情感困惑。往往出现单相思、恋爱中的感情纠葛和失恋等心理挫折。如果处理不好，在心灵上受到极大伤害，造成心理失调，甚至精神崩溃，易出现极端的行为，如自杀或报复等。

心灵故事

一个失恋者与苏格拉底的对话

苏(苏格拉底)：孩子，为什么悲伤？

失(失恋者)：我失恋了。

苏：哦，这很正常。如果失恋了没有悲伤，恋爱大概也就没有什么味道。可是，年轻人，我怎么发现你对失恋的投入甚至比对恋爱的投入还要倾心呢！

失：到手的葡萄给丢了，这份遗憾，这份失落，你并非中人，怎知其中的酸楚啊。

苏：丢了就丢了，何不继续向前走去，鲜美的葡萄还有很多。

失：我要等到海枯石烂，直到她回心转意向我走来。

苏：但这一天也许永远不会到来。

失：那我就用自杀来表示我的诚心。

苏：如果这样，你不但失去了你的恋人，同时还失去了你自己，你会蒙受双倍的损失。

失：踩上她一脚如何？我得不到的别人也别想得到。

苏：可这只能使你离她更远，而你本来是想与她更接近的。

失：您说我该怎么办？我可是真的很爱她。

苏：真的很爱？那你当然希望你所爱的人幸福！

失：那是自然。

苏：如果她认为离开你是一种幸福呢？

失：不会的！她曾经跟我说，只有跟我在一起的时候她才感到幸福！

苏：那是曾经，是过去，可她现在并不这么认为。

失：这就是说她一直在骗我？

苏：不，她一直对你很忠诚。当她爱你的时候，她和你在一起。现在她不爱你，她就离去了，世界上再没有比这更大的忠诚，如果她不再爱你，却还装着对你很有情意，甚至跟你结婚、生子，那才是真正的欺骗呢。

失：可我为她投入的感情不是白白浪费了吗？谁来补偿我？

苏：不，你的感情从来没有浪费。因为你在付出感情的同时，她也对你付出了感情；在你给她快乐的时候，她也给了你快乐。

失：可是，她现在不爱我了，我却还苦苦地爱着她，这多不公平啊！

苏：的确不公平。我是说你对所爱的那个人不公平。本来，爱她是你的权利，但爱不爱你则是她的权利，而你却想在自己行使权利的时候剥夺别人行使权利的自由。这是何等的不公平！

失：可是您看得明白，现在痛苦的是我而不是她，是我在为她痛苦！

苏：为她而痛苦？她的日子可能过得很好，不如说是你在为自己而痛苦吧。明明是为自己，却还打着为别人的旗号。

失：依您的说法，这一切倒成了我的错？

苏：是的，从一开始你就犯错。如果你能给她带来幸福，她是不会从你的生活中离开的。要知道，没有人会逃避幸福。

失：可她连机会都不给我，您说可恶不可恶？

苏：当然可恶。好在你现在已经摆脱了这个可恶的人，你应该感到高兴，孩子。

失：高兴？怎么可能呢，不管怎么说，我是被人给抛弃了。

苏：被抛弃的并不是就是不好的。

失：此话怎讲？

苏：有一次，我在商店看中一套高贵的衣服，爱不释手，店主问我要不要，你猜我怎么说？我说质地太差，不要！其实，我口袋里没有钱。年轻人，也许你就是这件被遗弃的衣服。

失：您真会安慰人，可惜您还是不能把我从失恋的痛苦中引出。

苏：时间会抚平你心灵的创伤。

失：但愿我也会有这一天，可我的第一步该从哪里做起呢？

苏：去感谢那个抛弃你的人，为她祝福。

失：为什么？

苏：因为她给了你忠诚，给了你寻找幸福的新的机会……

（四）经济的压力

家庭贫困的大学生都面临学费和生活费不能支付或者支付很困难的情况，他们虽然独立性强、勤劳俭朴、学习刻苦，但往往也存在或多或少的精神上的困惑、不同程度的心理上的伤害，无论在生活水平上还是消费观念上与富裕家庭的学生相比都有较大落差。经济因素限制了他们的人际交往，经济的压力让他们不得不去勤工俭学，这样学习压力更大，容易出现偏激行为。

（五）就业形势的严峻

目前，国家在择业和就业中引入了双向选择的竞争机制，所有面临毕业的大学生都得接受社会的选择。就业岗位要求和标准日益提高，相当数量的大学生缺乏足够而必要的就业心理准备，毕业甚至未毕业时就出现了严重的就业心理压力，表现为无法紧张而有序地进行大学后期的学习，整日忧心忡忡，情绪低落，出现严重的心理焦虑和躯体不适与障碍，心理承受能力越发脆弱，如不及时排解、调适，往往会发生心理崩溃，导致消极、负面的后果。

（六）人际关系的改变

从中学到大学，大学生面临着一种全新的人际关系。在中学时代人际关系相对单纯，或许成绩好就会赢得大家的青睐，但大学生的人际交往更为复杂，更为广泛，独立性更强，更具社会性。要获得好的人际关系，需要一定的技巧，这不是每个大学生都能处理好的。在处理各种人际关系的过程中，有相当数量的人会产生各种问题。一旦在这一过程中受挫，就可能表现为自我否定而陷入苦闷与焦虑之中，或因企图对抗而陷入困境，并由此产生心理问题。

（七）家庭的变故

对于从小在顺境中长大的大学生来说，一旦遭遇重大变故，如父母去世、家庭破裂、经济困难或者其他重大家庭问题，极易导致情绪的波动，产生失落感和悲观情绪，从而以极端行为对抗现实。

三、大学生心理危机的识别

心灵故事

某大学一位女学生，进入大学刚三个月，是个乖乖女，家庭贫困。两个月前，她3000多元的存款在校园被骗，事后她出现失眠、无食欲、焦虑、反应力减慢，不能集中精力思考、判断问题，情绪低落、愤怒、自责和羞耻。她四处找兼职工作影响了学习，经济压力打乱了日常生活，不信任人，晚上害怕一个人回宿舍。她还在找兼职工作中受挫，感到绝望、无助时，曾经突然站在疾驰的出租车前，想一死了之。

这位求助者本来经济条件就不好，又被骗走3000多元，经济压力很大，而且产生了觉得处处都有危机的心理，不信任人。自己觉得给家庭带来了羞辱，在情绪和行为方面都发生了变化，极有可能在出现被欺骗等类似危机事件时自杀。这是严重的心理危机。心理危机识别可从以下几方面入手。

(一)情绪变化

情绪是个体需要是否得到满足的反应，需要是情绪的基础。当需要满足时就会产生积极的情绪体验，反之，就会产生消极的情绪体验。情绪在个体的生存适应和人际交往过程中起着十分重要的作用。良好的情绪是心理健康的重要标准之一，不良的情绪体验是心理发生问题的主要因素。不良的情绪，如情绪低落、悲观失望、焦虑不安、无故哭泣、忧郁苦闷等。

(二)行为变化

人的行为是心理活动的反应。行为出现异常也要注意是否是出现心理危机了。行为异常如饮食、睡眠出现反常，个人卫生习惯变坏、不讲究修饰，自制力丧失，孤僻独行等。

(三)学习兴趣下降

心理学认为，学习是个体恒定、持久的心理能动状态。正常、有效、良好的学习能力是个体心理健康的前提和标准。如上课无故缺席，常迟到早退，成绩陡然下降，根本无法进行正常的学习和听课等时，要注意是否是出现了心理危机。

(四)自杀意图的流露

如谈论自己的死或与死有关的问题，或写下遗嘱之类的东西。有的甚至已经试图采取某些手段自杀。

四、心理危机干预的步骤与策略

心理危机干预是指在心理学理论指导下对有心理危机的个体或群体进行的一种短期的帮助行为，其目的是及时对经历个人危机、处于困境或遭受挫折和将发生危险的对象提供支持和帮助，使之恢复心理平衡。它最突出的特点是及时性、迅速性。

(一)心理危机干预的步骤

第一步，要从求助者的角度确定求助者本人所认识的问题。

第二步，要在干预过程中保证求助者的安全，要将求助者对自我和对他人的生理和心理危险性降到最低。

第三步，要与求助者进行沟通和交流，让其知道干预者是能够帮助和关心他的人。

第四步，要让求助者知道从环境支持、应付机制、积极建设性的思维方式中找到可以应对问题的变通方式，并且进行验证。

(二)心理危机干预的策略

第一，主动倾听，及时给予精神支持。

第二，要及时有效地给危机面临者提供精神宣泄的机会，鼓励求助者将自己的内心情感表达出来。

第三，在他们的精神负担完全显露以后给予求助者希望和乐观精神的传递。

第四，危机干预者必须采取接受、理解、关心和宽容的态度，自始至终地倾听危机面临者的表达和倾诉，关心和理解他们。

第五，注意社会支持系统的作用，要让求助者多与家人、亲友联系，减少孤独和心理隔离。

五、预防心理危机的有效对策

(一)建立有效的危机预防机制

预防心理危机的主要有效手段就是进行早期心理危机干预和早期治疗。如设立心理危机干预、救助热线。通过课程、讲座、资料、网站等指导学生掌握心理调节的方法，了解处于心理危机状态中的人有何表现以及如何进行干预。建立大学生心理问题监测“五级网络”模式，即以校级主管领导为一级网络，学生处、校心理健康教育中心、校医院为二级网络，院、系学生工作组及辅导员、班主任等为三级网络，学生宿舍为四级网络，学生班级和寝室为五级网络。每一级网络都指定专人负责，定期向上级网络报告。一旦发现问题可以立即采取措施。当发现有大学生处于危机状态时，应及时采取下列措施：①尽快与辅导员、宿舍管理员、心理健康教育中心老师联系。②不要让其独处，与其保持连续接触。③对其表现出非常关心及深切同情，设法提出一些良好建议。④设法将周围可能对其造成伤害的器具除去。当意识到自己处于危机状态又无法进行有效的自我调节时，可采取：①尽早求助于医生。②将自己目前的状况告诉家长、信任的老师和同学，求得他们的支持。③避免独处。④周围不放置可能对自己造成伤害的器具。

(二)加强心理健康教育

第一，在大学校园内积极开拓大学生心理健康教育新渠道。如团体辅导、朋辈辅导、编辑《大学生心理健康教育报》、开设大学生心理健康教育等选修课、设置热线电话及网站留言板等。利用所有的机会和力量，宣传心理健康知识，提高学生的心理危机预警意识，提高其心理健康水平，使之掌握一般心理问题的调适方法。

第二，通过在心理健康教育中增加危机干预的内容，提高学生心理免疫力和危机干预意识。一方面，要教育学生正确地认识社会，适应社会，提高自己对社会的适应能力和抗挫折能力。另一方面，要让学生了解有关心理危机的知识，包括容易引起心理危机的因素、自杀的前兆及应对方法等。

第三，通过对新生进行心理健康测量，建立大学生的心理档案，掌握容易产生心理问题的学生的心理健康状况。建立隐患排查制度，强化对有严重心理问题学生的目标管理。特别关注在心理健康测量中发现的有心理问题和自杀倾向的学生；关注、关爱贫困学生、有严重生理和心理疾病的学生，新生和毕业生，在学习和生活中遇到突然打击和受到意外刺激的学生。对发现有问题的学生采取重点辅导、专人管理、及时医治的措施。

第三课　自杀的干预

自杀率是一个国家人群心理卫生状况的重要参照指数。据世界卫生组织统计，全球每40秒就有一个人自杀；在中国，据推算每年约有28.7万人自杀死亡，至少有200万人自杀未遂。自杀死亡占全部死亡人数的3.6%，是第5位重要的死亡原因。在15～34岁人群中，自杀是第一位死因，占相应人群死亡总数的19%。自杀成为青少年(包括大学生)第一死亡因素，这是一个值得我们高度重视的问题。

心灵故事

一名大学毕业生林某，应聘到某市一家企业工作。在大学毕业时，林某谈了两年多的女朋友与他分手了。他毕业后工作期间，曾数次找以前女友想挽回这段感情，但都遭到对方拒绝。联想到自己大学期间，由于家境贫穷，不善交际，与同室同学处不来，同学常常疏远他等一些事情，他感到生活很压抑。在单位工作不到3个月，他就两次欲用煤气自杀，但都被单位同事救下。鉴于林某的行为，单位与他解除了聘用合同。回家后，林某的父亲曾将他送到当地一家精神病医院进行救治。可刚刚回家休养，林某想到多年的女友与他分手，自己又被单位开除，于是他用绳子和布条套在脖子上上吊自杀了。

一、大学生自杀的心理过程

自杀是指主体蓄意或自愿采取各种手段结束自己生命的行为，个体认为自杀是解决其错综复杂问题的最佳解决方式。自杀者从萌生自杀念头到制订自杀计划，最后到采取自杀行动，是一个连续的过程。人在此期间经历了较大的心理变化。自杀的心理过程大致可分为三个阶段：

第一阶段，自杀动机或自杀意念的形成阶段。个别学生在遇到难以克服的挫折和打击时，为了逃避现实，欲将自杀作为解脱的手段，形成自杀的动机。例如，某高校的大四毕业生，因为英语四级没通过，暂时拿不到毕业证，自感出去后，找不到工作，对不起父母，于是想跳楼自杀。

第二阶段，心理矛盾冲突阶段。自杀动机产生后，求生的本能可能使自杀者陷入一种生与死的矛盾冲突之中，难以最终做出自杀决定。欲自杀者常表现出一系列异常行为，经常谈论与自杀有关的话题，预言、暗示自杀，或以自杀来威胁他人，从而表现出直接或间接的自杀意图，其实这是自杀者发出的求救信号。这一阶段如果能给予积极的关注，就可能会阻止其自杀的行为发生。

第三阶段，自杀者行为选择阶段。当事人已从生与死的困惑中解脱出来，对未来的自杀计划内心十分平静，抑郁、烦躁等症状也有所减轻。这样周围人更加会以为他的心理状态好转，从而放松警惕。但这往往是自杀态度已经坚定不移的一种表现，目的可能是为了摆脱旁人对其自杀行为的阻碍和干预。当然也不排除是自杀者心理状态好转的表现。这一阶段其实是自杀者认为自己已经找到了解决问题的办法，不再为生与死的选择而苦恼。

二、大学生自杀的识别

自杀并非突发。一般而言，自杀者在自杀前处于想死同时渴望被救助的矛盾心态时，从其行为与态度变化中可以看出蛛丝马迹。大约 2/3 的人都有可观察到的征兆。通常一个人考虑要自杀时，我们可以从他们所说的话及所做的事来加以判断。

(一)暗示性言语

如对自己关系亲近的人，表达想死的念头，或在日记、绘画、信函中流露出来；对绝望、无助或无价值感发出议论；经常说“我不在这里就好了”或“我要走了，希望你们好好活着”等话。

(二)行为的变化

如无故缺席、食欲不良、沉默少语；从日常的活动中退缩下来；看有关死亡的书籍；有暴力、敌意或反叛的行为，其中也包括经常性地不告而别，中断亲密的关系，增加药物及酒精的使用量，突然丢弃所拥有的物品；将原本杂乱无章的事情，整理得井然有序；无缘无故地收拾东西，向人道谢、告别、归还所借物品、将自己平时很喜欢的东西赠送给周围的同学、朋友；留下遗书或有较周密的自杀死亡计划。

(三)情绪的变化

在自杀前，处于复杂的心理矛盾中，情绪明显不同于往常，喜怒无常的情况增加或平时乐观开朗，突然郁郁寡欢；或平时寡言少语，突然爱说爱笑等。

三、大学生自杀的预防

虽然大学生中的自杀事件呈上升趋势，也会带来严重的后果，但绝大多数自杀是可以预防的，因为人在作出自杀决定之前肯定会有很多挣扎。世界卫生组织专家称，只有少数的自杀事件是在没有征兆的情况下发生的，大多数自杀者都会公开表明自己的自杀意图。因此，只要我们能够及时发现这些征兆，加强防范，就可以在很大程度上制止自杀行为的发生，挽救生命。在大学生自杀的预防上需要做好以下工作。

(一)加强大学生心理卫生教育

大学生自杀的主要原因是心理因素所致。因此，在大学生中宣传、普及各种心理卫生知识，是预防大学生自杀的一种有效的方式。培养大学生有效的心理防御机制，增强大学生的耐挫力；学会控制、调节情绪的方法；正确地认识自己；引导大学生形成健康的人格品质；在大学生中加强生命教育，普及自杀的预防知识，提高学生对自杀行为的认识和控制，增强对自杀意念的抵御能力。教师应及时发现生活中具有较高自杀危险的人，并及时采取有效的预防和干预措施。

(二)建立、健全心理咨询机构

心理咨询可帮助大学生摆脱各种心理困扰，消除各种心理障碍，使之恢复心理平衡。在大学生出现心理困扰的时候，能够及时地疏导和沟通，使他们摆脱心理困扰，得到帮助，让他们能够健康成长，甚至能避免他们的自杀念头发展为自杀行为。

心理咨询机构要定期对不同年级的学生进行相关的心理普查和测试，筛选出自杀高危人群，建立相应的心理档案，并有的放矢地做好相关工作。对遭遇失恋、重大考试失败、与人发生严重冲突、重要亲人亡故、家庭经济特别困难以及有严重心理健康问题的同学要密切关注。

心理咨询机构还需开通生命热线，使处于危机之中的人知道有可以求助的机构，心理咨询人员能有效地为处于危机状态的人提供及时的帮助。自杀者在自杀前犹豫不决、万分痛苦时打了电话，咨询员立刻介入，采取紧急对策，可以有效地避免自杀行为的发生。

(三)加强对心理健康中心人员的培训

学校要加大对心理咨询专业人员的培训力度，使这部分老师具备基本的“自杀倾向”鉴别力。比如，能判别自杀的征兆。

(四)加强校园文化建设

大学校园文化的建设对大学生心理健康起着相当重要的作用，有助于学生树立科学的世界观、人生观、价值观。大学生的健康成长离不开健康的社会环境，大学生心理素质的培养离不开良好的校园文化。在良好的环境下，学生的个人修养会不断提高，心态也会表现得比较平静。这也是降低自杀率的一个有力措施。学校应当重视校园文化的建设，并努力使其育人作用得以充分发挥。

思考与练习

1. 当你出现心理问题时，你会采取哪些方式求助？
2. 什么是心理危机，怎样识别？
3. 当周围的同学有自杀的预兆时，你该怎么办？
4. 收集团体辅导活动案例，尝试与班上同学一起体验团体辅导活动的功能。

拓展训练

训练一：案例分析

收集大学生自杀的案例，分析自杀大学生的自杀征兆。每10名学生为一组，每组收集2～3个案例，并在组内进行分析。每组推选1名代表在全班进行交流。

训练二：实践训练

设计一份大学生自杀干预建议书，并以小组为单位进行讨论。

学习反思

参考文献

[1] 钱铭怡. 心理咨询与心理治疗. 北京：北京大学出版社，1994
[2] 翟书涛. 危机干预与自杀预防. 北京：人民卫生出版社，1997
[3] 樊富珉，王建中. 当代大学生心理健康教程. 武汉：武汉大学出版社，2006
[4] 王祖莉. 大学生心理健康教育. 北京：科学出版社，2004
[5] 冉超凤，黄天贵. 高职大学生心理健康与成长. 北京：科学出版社，2005
[6] 钱焕奇. 思想道德修养教师教学参考用书. 北京：高等教育出版社，2004
[7] 赖廷谦，阎钢. 思想道德修养. 成都：四川民族出版社，2003
[8] 卢秀安，陈俊，刘勇. 教与学心理案例. 广州：广东高等教育出版社，2002
[9] 聂振伟. 心理健康教育. 北京：北京师范大学出版社，2006
[10] 叶素贞，曾振华. 情绪管理. 北京：北京大学出版社，2007
[11] 周家华，王金凤. 大学生心理健康教育. 北京：清华大学出版社，2004
[12] 孟昭兰. 情绪心理学. 北京：北京大学出版社，2005
[13] 张厚粲. 大学心理学. 北京：北京大学出版社，2002
[14] 汪海燕. 高职高专学生心理健康指导. 北京：高等教育出版社，2005
[15] 欧晓霞，曲振国. 大学生心理健康. 北京：清华大学出版社，2006
[16] 刘巍，潘强. 心理健康教育. 北京：高等教育出版社，2005
[17] 王志兵，杨丽. 新编大学生心理健康(第四版). 大连：大连理工大学出版社，2005
[18] 佐斌. 大学生心理发展. 北京：高等教育出版社，2004

[19] 尹登海．职业院校学生心理健康．北京：机械工业出版社，2006
[20] 张宏如，曹雨平．当代大学生心理学．北京：首都经济贸易大学出版社，2004
[21] 吕建国．大学生心理学．成都：四川大学出版社，2004
[22] 胡敏．大学生心理健康教育与指导．上海：上海中医药大学出版社，2005
[23] 叶琳琳．大学生心理健康教育与心理素质训练．北京：北京师范大学出版社，2013
[24] 赵川林，吴兆方．大学生心理健康．北京：经济科学出版社，2011
[25] 高兰，向纯．大学生心理健康教育新编．北京：国防工业出版社，2011
[26] 郭念锋．心理咨询师．北京：民族出版社，2002
[27] 彭聃龄．普通心理学．北京：北京师范大学出版社，2013
[28] 樊富珉．团体心理咨询．北京：高等教育出版社，2013
[29] 季建林，徐俊冕．危机干预的理论与实践．临床精神医[illegible]（2）
[30] 王昕，姜洪臣．大学生心理危机干预问题研究．黑龙江[illegible]，2007(6)
[31] 王玲，路仕容．大学生自杀态度、抑郁水平和自杀意念的[illegible]理学，2001
[32] 2007 年中国青少年上网行为研究报告．中国互联网络信息中心[illegible]
[33] 周东．网络游戏的产品属性与成瘾机理[illegible]查研究．四川[illegible]会 2006 学术年会论文集，2006(4)
[34] 中国互联网络发展状况统计报告．中国互[illegible]中心，[illegible]